Multiplication And Division

Addition, Subtraction

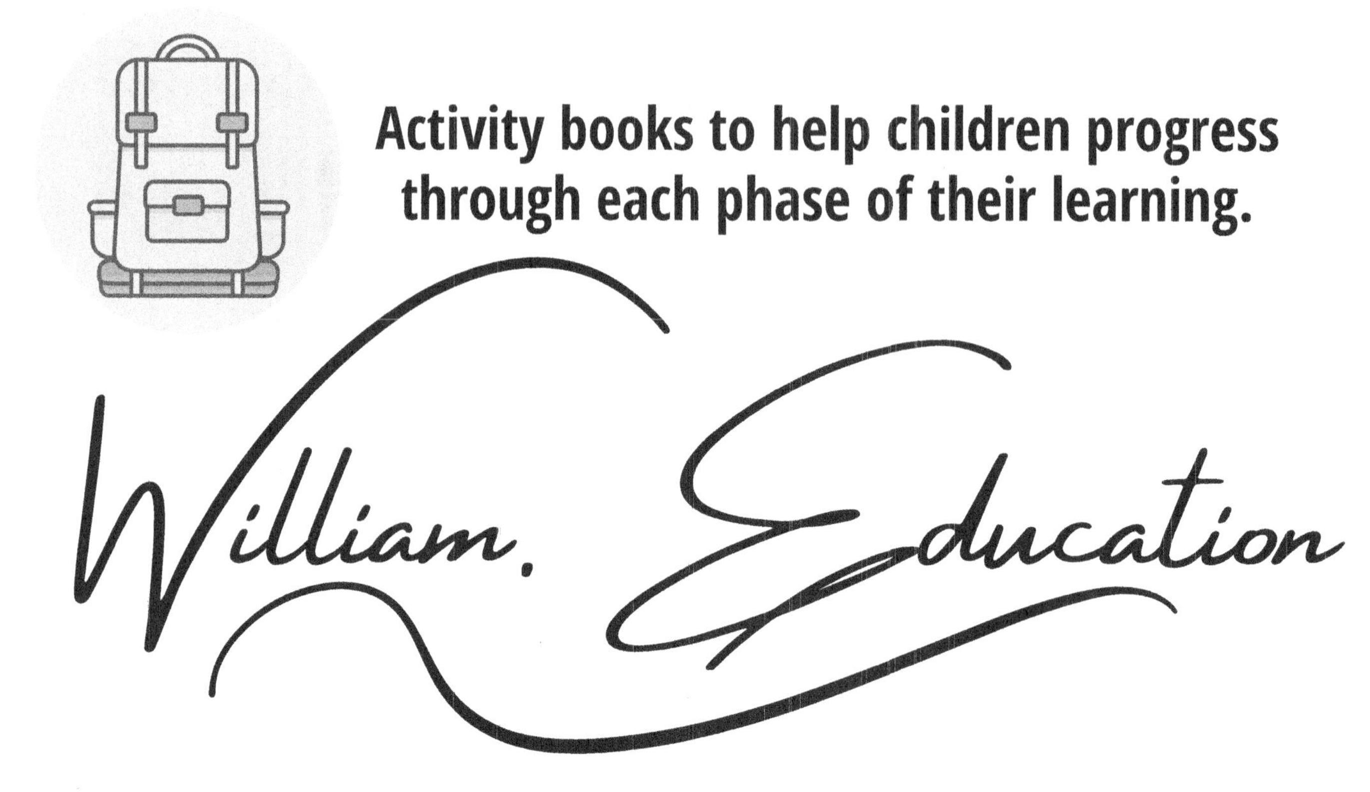

Don't hesitate to give your opinion (constructive ;-)) and your ideas for improvement after your purchase, because I really want to offer quality, Have fun.

Peaperback ASIN : 9798394260513

TABLE OF CONTENTS

Addition

20 worksheets
30 problems per sheet

Subtraction

20 worksheets
30 problems per sheet

Multiplication

20 worksheets
30 problems per sheet

Division

20 worksheets
40 problems per sheet

Solutions to the exercises can be found in the back of the book

Addition +

20 worksheets

30 problems per sheet

William. Education

Examples

Example 1 (2-digit numbers)

1

$$\begin{array}{r} 98 \\ +\ 63 \\ \hline \end{array}$$

2

$$\begin{array}{r} \overset{1}{9}8 \\ +\ 63 \\ \hline 1 \end{array}$$

3

$$\begin{array}{r} \overset{1}{9}8 \\ +\ 63 \\ \hline 161 \end{array}$$

Example 2 (3-digit numbers)

1

$$\begin{array}{r} 286 \\ +\ 82 \\ \hline \end{array}$$

2

$$\begin{array}{r} 286 \\ +\ 82 \\ \hline 8 \end{array}$$

3

$$\begin{array}{r} \overset{1}{2}86 \\ +\ 82 \\ \hline 68 \end{array}$$

4

$$\begin{array}{r} \overset{1}{2}86 \\ +\ 82 \\ \hline 368 \end{array}$$

Example 3 (3-digit numbers)

1

$$\begin{array}{r} 387 \\ +\ 688 \\ \hline \end{array}$$

2

$$\begin{array}{r} 3\overset{1}{8}7 \\ +\ 688 \\ \hline 5 \end{array}$$

3

$$\begin{array}{r} \overset{1}{3}\overset{1}{8}7 \\ +\ 688 \\ \hline 75 \end{array}$$

4

$$\begin{array}{r} \overset{1}{3}\overset{1}{8}7 \\ +\ 688 \\ \hline 1075 \end{array}$$

Example 4 (2-digit numbers)

1	1		1	
87	95	24	81	82
+ 88	+ 38	+ 25	+ 49	+ 74
175	133	49	130	156

1			1	1
32	83	50	16	48
+ 19	+ 36	+ 40	+ 18	+ 23
51	119	90	34	71

Example 5 (3-digit numbers)

1 1	1 1		1 1	1 1
487	557	721	989	453
+ 778	+ 868	+ 975	+ 54	+ 49
1265	1425	1696	1043	502

1 1	1			1 1
675	454	621	101	538
+ 569	+ 929	+ 747	+ 661	+ 783
1244	1383	1368	762	1321

Example 6 (4-digit numbers)

1	1 1	1		1 1 1
2168	4876	7284	3753	4449
+ 1080	+ 8143	+ 7323	+ 244	+ 855
3248	13019	14607	3997	5304

1 1	1			1
5278	7681	4572	7360	8270
+ 1572	+ 9247	+ 7323	+ 535	+ 384
6850	16928	11895	7895	8654

Addition 2-Digit Numbers

Day:  **Time:** **Score:** /30

1).	2).	3).	4).	5).
40	70	57	21	44
+50	+62	+73	+10	+69
6).	7).	8).	9).	10).
22	63	49	42	85
+79	+83	+14	+30	+99
11).	12).	13).	14).	15).
19	90	88	86	19
+84	+85	+93	+18	+47
16).	17).	18).	19).	20).
25	12	86	85	46
+75	+46	+10	+33	+93
21).	22).	23).	24).	25).
55	97	69	14	66
+70	+59	+76	+92	+65
26).	27).	28).	29).	30).
76	68	57	65	51
+29	+23	+19	+40	+86

Day:  **Time:** **Score:** /30

1). 10 +11	2). 67 +34	3). 49 +78	4). 21 +83	5). 78 +39
6). 39 +62	7). 82 +26	8). 95 +13	9). 44 +31	10). 82 +69
11). 42 +32	12). 14 +48	13). 41 +24	14). 12 +79	15). 31 +74
16). 23 +34	17). 99 +80	18). 28 +61	19). 54 +25	20). 75 +62
21). 81 +43	22). 23 +16	23). 46 +15	24). 65 +91	25). 91 +44
26). 86 +20	27). 90 +67	28). 79 +49	29). 11 +51	30). 79 +66

Addition 2-Digit Numbers

Day:  **Time:** **Score:** /30

1).	2).	3).	4).	5).
13	14	32	83	34
+63	+82	+72	+57	+94
6).	7).	8).	9).	10).
35	61	95	77	94
+96	+77	+77	+55	+44
1).	12).	13).	14).	15).
97	90	24	48	63
+37	+30	+71	+25	+71
6).	17).	18).	19).	20).
78	82	18	26	27
+48	+12	+90	+20	+55
1).	22).	23).	24).	25).
43	92	63	55	63
+95	+30	+91	+72	+52
6).	27).	28).	29).	30).
23	60	76	35	61
+19	+72	+41	+83	+93

Day:  **Time:** **Score:** /30

1). 65 +59	2). 36 +99	3). 51 +12	4). 84 +42	5). 72 +29
6). 60 +68	7). 59 +25	8). 85 +83	9). 33 +73	10). 88 +84
11). 36 +69	12). 90 +89	13). 26 +56	14). 35 +19	15). 36 +18
16). 68 +62	17). 46 +47	18). 94 +63	19). 58 +68	20). 52 +16
21). 91 +69	22). 61 +39	23). 17 +83	24). 20 +88	25). 13 +77
26). 85 +48	27). 29 +15	28). 84 +99	29). 82 +49	30). 90 +15

Addition 2-Digit Numbers

Day:  **Time:** **Score:** /30

1). 40 +63	2). 32 +93	3). 98 +46	4). 12 +82	5). 41 +34
6). 14 +89	7). 41 +71	8). 88 +79	9). 70 +54	10). 38 +54
11). 72 +33	12). 85 +65	13). 63 +35	14). 19 +13	15). 88 +36
16). 77 +28	17). 53 +32	18). 61 +95	19). 64 +59	20). 93 +45
21). 80 +87	22). 12 +68	23). 97 +12	24). 31 +65	25). 42 +38
26). 16 +45	27). 62 +64	28). 30 +90	29). 92 +25	30). 66 +33

Day:  **Time:** **Score:** /30

1). 108 +63	2). 605 +72	3). 300 +33	4). 518 +34	5). 424 +82
6). 718 +21	7). 137 +43	8). 610 +81	9). 924 +80	10). 836 +21
11). 569 +12	12). 405 +13	13). 152 +95	14). 698 +78	15). 477 +21
16). 871 +92	17). 939 +53	18). 772 +75	19). 604 +48	20). 247 +74
21). 794 +14	22). 283 +93	23). 893 +93	24). 691 +72	25). 511 +30
26). 458 +45	27). 323 +82	28). 967 +40	29). 314 +71	30). 567 +47

Day:  **Time:** **Score:** /30

1). 988 +65	2). 713 +58	3). 834 +33	4). 557 +30	5). 276 +22
6). 392 +65	7). 334 +32	8). 588 +18	9). 178 +23	10). 106 +78
1). 942 +78	12). 629 +88	13). 170 +26	14). 778 +77	15). 151 +29
6). 835 +82	17). 237 +67	18). 620 +21	19). 401 +32	20). 486 +73
1). 340 +39	22). 402 +58	23). 757 +72	24). 753 +97	25). 473 +11
6). 143 +68	27). 271 +52	28). 657 +78	29). 822 +11	30). 513 +36

Day:  **Time:** **Score:** /30

1).	2).	3).	4).	5).
402 +90	470 +60	785 +17	754 +57	154 +31

6).	7).	8).	9).	10).
871 +75	500 +30	789 +23	625 +98	138 +33

11).	12).	13).	14).	15).
442 +39	651 +63	203 +65	938 +79	562 +90

16).	17).	18).	19).	20).
223 +55	466 +91	877 +52	340 +49	828 +64

21).	22).	23).	24).	25).
374 +22	731 +77	794 +68	980 +51	787 +54

26).	27).	28).	29).	30).
458 +70	249 +82	802 +22	372 +13	311 +51

Addition 3-Digit Numbers

Day:  **Time:** **Score:** /30

1). 254 +58	2). 183 +51	3). 146 +12	4). 309 +53	5). 197 +63
6). 611 +61	7). 937 +87	8). 183 +89	9). 871 +34	10). 613 +85
11). 689 +26	12). 980 +34	13). 882 +96	14). 430 +76	15). 915 +72
16). 604 +63	17). 446 +87	18). 750 +12	19). 342 +57	20). 417 +85
21). 622 +44	22). 668 +17	23). 329 +30	24). 469 +92	25). 863 +81
26). 395 +72	27). 421 +80	28). 693 +54	29). 406 +70	30). 627 +94

Day:  **Time:** **Score:** /30

1). 510 +19	2). 137 +55	3). 608 +32	4). 577 +54	5). 630 +56
6). 852 +33	7). 311 +21	8). 856 +93	9). 410 +79	10). 649 +74
11). 804 +69	12). 984 +31	13). 484 +60	14). 770 +21	15). 616 +70
16). 742 +98	17). 173 +15	18). 702 +59	19). 125 +37	20). 668 +47
21). 613 +76	22). 464 +88	23). 912 +16	24). 696 +51	25). 941 +45
26). 205 +93	27). 433 +96	28). 505 +24	29). 425 +91	30). 804 +51

Addition 3-Digit Numbers

Day:  **Time:** **Score:** /30

1). 285 +861	2). 746 +453	3). 390 +228	4). 725 +518	5). 969 +231
6). 943 +640	7). 528 +505	8). 932 +597	9). 923 +132	10). 710 +162
1). 799 +867	12). 261 +972	13). 809 +928	14). 336 +282	15). 285 +205
6). 321 +133	17). 243 +668	18). 146 +802	19). 575 +216	20). 406 +506
1). 832 +812	22). 527 +466	23). 322 +789	24). 767 +299	25). 202 +997
6). 383 +148	27). 907 +180	28). 937 +389	29). 440 +649	30). 148 +778

Day:  **Time:** **Score:** /30

1).	2).	3).	4).	5).
694 +762	994 +153	474 +795	531 +702	226 +596

6).	7).	8).	9).	10).
528 +135	349 +865	835 +717	205 +652	241 +673

11).	12).	13).	14).	15).
948 +557	797 +711	369 +847	757 +215	645 +425

16).	17).	18).	19).	20).
409 +264	204 +968	955 +449	684 +871	997 +802

21).	22).	23).	24).	25).
661 +581	896 +597	702 +331	429 +954	534 +862

26).	27).	28).	29).	30).
942 +277	697 +406	484 +913	993 +681	913 +403

Day:  **Time:** **Score:** /30

1). 483 +592

2). 351 +725

3). 483 +192

4). 689 +812

5). 606 +364

6). 545 +477

7). 574 +193

8). 736 +475

9). 832 +945

10). 537 +598

11). 487 +108

12). 162 +822

13). 517 +342

14). 171 +871

15). 545 +433

16). 718 +297

17). 166 +122

18). 280 +288

19). 276 +718

20). 907 +609

21). 782 +770

22). 215 +737

23). 551 +290

24). 786 +368

25). 821 +547

26). 103 +529

27). 119 +985

28). 571 +152

29). 812 +989

30). 652 +963

Day:  **Time:** **Score:** /30

1). 935 +629	2). 755 +731	3). 113 +523	4). 373 +985	5). 435 +321
6). 715 +188	7). 849 +509	8). 885 +559	9). 204 +938	10). 350 +166
11). 621 +681	12). 192 +593	13). 736 +393	14). 541 +451	15). 946 +214
16). 855 +895	17). 805 +604	18). 236 +957	19). 980 +699	20). 704 +445
21). 718 +713	22). 427 +724	23). 367 +551	24). 954 +671	25). 494 +868
26). 405 +215	27). 322 +494	28). 373 +526	29). 772 +312	30). 207 +849

Addition 3-Digit Numbers

Day:  **Time:** **Score:** /30

1). 223 +172	2). 806 +602	3). 196 +449	4). 885 +472	5). 660 +187
6). 565 +878	7). 422 +828	8). 815 +145	9). 205 +232	10). 376 +967
11). 833 +830	12). 909 +557	13). 981 +761	14). 757 +469	15). 231 +610
6). 434 +548	17). 291 +895	18). 196 +982	19). 458 +914	20). 601 +239
1). 989 +999	22). 152 +530	23). 489 +942	24). 996 +115	25). 713 +689
6). 468 +185	27). 908 +377	28). 777 +442	29). 796 +538	30). 682 +789

Day:  **Time:** **Score:** /30

1).	2).	3).	4).	5).
6377 +4198	2263 +1146	9118 +9352	8742 +8468	4756 +5879

6).	7).	8).	9).	10).
7160 +2534	4385 +6248	8512 +6164	1195 +7176	3423 +8224

11).	12).	13).	14).	15).
7925 +4954	3363 +1137	9324 +7701	7910 +9202	8791 +1920

16).	17).	18).	19).	20).
8204 +1688	9245 +7494	4207 +5225	6672 +4785	3835 +6644

21).	22).	23).	24).	25).
8474 +7553	4304 +7283	5928 +5258	3283 +8725	9614 +4678

26).	27).	28).	29).	30).
5579 +1082	5598 +1936	5087 +9243	7560 +4698	4711 +1943

Day:  **Time:** **Score:** /30

). 8541 +6129	2). 7853 +6005	3). 7524 +1063	4). 5402 +3130	5). 3274 +4722
6). 9436 +7843	7). 7550 +2956	8). 6072 +8730	9). 5815 +5233	10). 6676 +5925
1). 9153 +3479	12). 7565 +6261	13). 4350 +3131	14). 3807 +8471	15). 5057 +1555
6). 2151 +3024	17). 7440 +6611	18). 5661 +8960	19). 2550 +4341	20). 3086 +5024
1). 7942 +9717	22). 8338 +4531	23). 9738 +4904	24). 6689 +5637	25). 5416 +8720
6). 3486 +2130	27). 8088 +9860	28). 5239 +8388	29). 3941 +5966	30). 5899 +8954

Day:  **Time:** **Score:** /30

1). 5415 +3265	2). 4548 +4278	3). 1629 +9901	4). 2445 +1887	5). 9378 +3516
6). 4733 +8376	7). 2751 +1450	8). 8749 +7095	9). 9202 +6208	10). 2931 +7536
11). 9196 +5977	12). 4339 +3638	13). 5281 +1255	14). 3585 +4360	15). 2937 +7830
16). 9502 +1308	17). 9280 +8702	18). 6757 +8768	19). 7906 +6624	20). 4367 +5298
21). 9727 +7661	22). 3730 +9928	23). 8661 +6507	24). 1340 +2087	25). 4397 +9370
26). 1867 +3635	27). 4301 +8878	28). 9612 +7738	29). 9701 +4836	30). 9679 +1881

Addition 4-Digit Numbers

Day:  **Time:** **Score:** /30

1). 3744 +4354	2). 3256 +7715	3). 6435 +3175	4). 4626 +4295	5). 7872 +1398
6). 2563 +6591	7). 3776 +2044	8). 7883 +3402	9). 8305 +6542	10). 4165 +4905
1). 2099 +2561	12). 2274 +9919	13). 3419 +8863	14). 8235 +8256	15). 5261 +1485
6). 2056 +9592	17). 5543 +1680	18). 1500 +3779	19). 8314 +6125	20). 8397 +5422
1). 5485 +6896	22). 5799 +8847	23). 2761 +3548	24). 4191 +2284	25). 4283 +2477
6). 8999 +1218	27). 3995 +7385	28). 5836 +8366	29). 6913 +1301	30). 4299 +8683

Day:  Time: Score: /30

1). 1126 +9227	2). 3315 +2611	3). 4788 +1615	4). 5893 +7159	5). 7373 +2742
6). 4547 +5107	7). 1219 +1315	8). 4511 +6337	9). 6425 +5639	10). 5628 +4842
11). 2302 +8129	12). 2524 +4615	13). 5929 +8417	14). 7464 +7274	15). 7115 +5296
16). 7114 +3302	17). 1468 +8183	18). 1596 +8110	19). 1539 +6279	20). 8879 +7168
21). 9222 +8341	22). 4533 +5033	23). 5668 +7811	24). 8328 +5500	25). 3996 +9067
26). 6983 +6985	27). 6981 +8753	28). 6589 +6920	29). 9722 +6424	30). 6924 +3221

Subtraction

20 worksheets
30 problems per sheet

Examples

Example 1 (2-digit numbers)

1

```
  95
-
  46
----
```

2

```
 8 15
  95
-
  46
----
   9
```

3

```
 8 15
  95
-
  46
----
  49
```

Example 2 (3-digit numbers)

1

```
  813
-
   75
-----
```

2

```
   0 13
  813
-
   75
-----
    8
```

3

```
 7 10 13
  813
-
   75
-----
   38
```

4

```
 7 10 13
  813
-
   75
-----
  738
```

Example 3 (3-digit numbers)

1

```
  600
-
  464
-----
```

2

```
    9
 5 10 10
  600
-
  464
-----
    6
```

3

```
    9
 5 10 10
  600
-
  464
-----
   36
```

4

```
    9
 5 10 10
  600
-
  464
-----
  136
```

Example 4 (2-digit numbers)

8 15	7 14		3 10	
95	84	87	40	56
- 66	- 18	- 70	- 22	- 26
29	66	17	18	30

	4 16			
88	56	29	99	59
- 28	- 18	- 20	- 44	- 51
60	38	9	55	8

Example 5 (3-digit numbers)

				9
4 10	1 11	5 14	6 11	7 10 15
350	216	264	719	805
- 236	- 193	- 229	- 64	- 67
114	23	35	655	738

12				13
8 2 10	4 12	4 13	4 10	4 3 14
930	752	953	650	544
- 786	- 126	- 138	- 44	- 58
144	626	815	606	486

Example 6 (4-digit numbers)

				13
3 10			4 13	3 3 14
1404	3578	5678	3753	4449
- 1080	- 1563	- 2528	- 244	- 855
324	2015	3150	3509	3594

				11 16
8 11	1 14	4 10	6 13 5 10	7 1 6 10
1919	1243	5055	7360	8270
- 1632	- 1191	- 1211	- 535	- 384
287	52	3844	6825	7886

Day:  **Time:** **Score:** /30

1). 26 -15	2). 14 -12	3). 62 -13	4). 95 -19	5). 94 -66
6). 70 -14	7). 31 -11	8). 43 -18	9). 51 -13	10). 11 -9
11). 87 -60	12). 51 -44	13). 31 -18	14). 51 -47	15). 92 -75
16). 43 -11	17). 35 -27	18). 38 -17	19). 73 -67	20). 80 -57
21). 44 -41	22). 53 -26	23). 58 -55	24). 19 -15	25). 10 -10
26). 40 -23	27). 75 -55	28). 30 -10	29). 51 -24	30). 52 -13

Subtraction 2-Digit Numbers

Day:  **Time:** **Score:** /30

1). 21 -19	2). 42 -29	3). 89 -33	4). 49 -36	5). 11 -10
6). 33 -22	7). 20 -18	8). 31 -30	9). 85 -11	10). 51 -28
11). 62 -17	12). 35 -30	13). 31 -30	14). 50 -30	15). 30 -26
16). 85 -43	17). 86 -42	18). 82 -21	19). 54 -32	20). 45 -44
21). 57 -55	22). 10 -10	23). 25 -10	24). 72 -19	25). 72 -57
26). 73 -11	27). 66 -47	28). 23 -13	29). 34 -20	30). 12 -10

Day:  **Time:** **Score:** /30

1). 33 -27	2). 84 -71	3). 78 -32	4). 35 -16	5). 94 -61
6). 61 -34	7). 67 -26	8). 91 -16	9). 36 -24	10). 83 -42
11). 54 -11	12). 86 -26	13). 59 -54	14). 86 -48	15). 84 -11
16). 87 -79	17). 92 -51	18). 91 -26	19). 71 -63	20). 68 -34
21). 45 -24	22). 21 -12	23). 81 -28	24). 78 -25	25). 94 -64
26). 50 -28	27). 47 -29	28). 17 -16	29). 81 -78	30). 14 -14

Day:  **Time:** **Score:** /30

1). 64 -61	2). 92 -66	3). 63 -23	4). 54 -16	5). 59 -29
6). 22 -17	7). 28 -26	8). 37 -21	9). 47 -13	10). 56 -47
1). 96 -57	12). 34 -26	13). 34 -14	14). 34 -32	15). 66 -28
6). 88 -18	17). 14 -12	18). 32 -18	19). 74 -65	20). 78 -50
1). 40 -35	22). 35 -10	23). 38 -36	24). 21 -20	25). 86 -38
6). 32 -12	27). 46 -43	28). 25 -11	29). 28 -17	30). 91 -50

Day:  **Time:** **Score:** /30

1). 93 -47	2). 56 -37	3). 15 -14	4). 51 -27	5). 63 -18
6). 14 -13	7). 45 -38	8). 60 -59	9). 67 -16	10). 75 -31
11). 37 -31	12). 23 -13	13). 29 -23	14). 99 -69	15). 44 -43
16). 20 -10	17). 64 -58	18). 97 -30	19). 84 -77	20). 73 -58
21). 55 -14	22). 87 -29	23). 89 -30	24). 12 -10	25). 42 -39
26). 68 -36	27). 92 -49	28). 81 -25	29). 32 -25	30). 52 -13

Day:  **Time:** **Score:** /30

1). 308 -11	2). 291 -11	3). 508 -86	4). 994 -16	5). 470 -46
6). 135 -26	7). 120 -79	8). 958 -89	9). 656 -76	10). 594 -33
11). 321 -71	12). 810 -95	13). 694 -50	14). 597 -98	15). 177 -19
16). 502 -37	17). 939 -50	18). 294 -23	19). 460 -16	20). 745 -68
21). 364 -70	22). 157 -56	23). 491 -12	24). 364 -14	25). 824 -67
26). 840 -88	27). 870 -87	28). 140 -95	29). 579 -57	30). 683 -74

Day: **Time:** **Score:** /30

1). 120 -85	2). 503 -73	3). 121 -22	4). 561 -85	5). 500 -67
6). 177 -55	7). 383 -36	8). 967 -45	9). 950 -45	10). 878 -66
11). 328 -34	12). 533 -18	13). 922 -42	14). 634 -16	15). 437 -27
16). 804 -70	17). 401 -80	18). 604 -43	19). 538 -69	20). 230 -60
21). 290 -33	22). 691 -94	23). 488 -83	24). 385 -84	25). 121 -51
26). 107 -25	27). 115 -25	28). 750 -24	29). 387 -96	30). 560 -92

Subtraction 3-Digit Numbers

Day: **Time:** **Score:** /30

1). 634 -87	2). 452 -60	3). 638 -19	4). 471 -13	5). 377 -73
6). 193 -73	7). 122 -34	8). 369 -89	9). 545 -38	10). 927 -88
1). 761 -70	12). 532 -18	13). 935 -36	14). 409 -71	15). 350 -95
6). 952 -70	17). 770 -42	18). 562 -35	19). 317 -25	20). 201 -41
1). 324 -21	22). 538 -24	23). 798 -92	24). 786 -51	25). 324 -80
6). 120 -40	27). 318 -31	28). 745 -10	29). 910 -90	30). 183 -26

Day: **Time:** **Score:** /30

1). 426 -84	2). 393 -14	3). 102 -79	4). 699 -21	5). 586 -55
6). 961 -66	7). 315 -20	8). 511 -82	9). 620 -77	10). 486 -15
11). 922 -40	12). 838 -78	13). 363 -82	14). 449 -79	15). 470 -73
16). 622 -79	17). 788 -23	18). 208 -24	19). 632 -57	20). 879 -44
21). 208 -9	22). 112 -14	23). 984 -45	24). 222 -22	25). 426 -22
26). 850 -99	27). 678 -82	28). 149 -26	29). 825 -97	30). 275 -38

Subtraction 3-Digit Numbers

Day: **Time:** **Score:** /30

1). 324 -49	2). 875 -38	3). 517 -78	4). 238 -75	5). 937 -96
6). 555 -36	7). 194 -75	8). 486 -17	9). 371 -23	10). 706 -25
11). 543 -78	12). 719 -94	13). 852 -89	14). 387 -54	15). 323 -64
16). 681 -62	17). 366 -69	18). 104 -86	19). 350 -47	20). 639 -56
21). 728 -84	22). 601 -98	23). 289 -75	24). 954 -33	25). 771 -63
26). 156 -68	27). 783 -30	28). 262 -93	29). 501 -12	30). 309 -48

Day:  **Time:** **Score:** /30

1). 970 -891	2). 656 -348	3). 462 -193	4). 999 -629	5). 807 -482
6). 584 -355	7). 214 -159	8). 266 -154	9). 638 -400	10). 475 -372
11). 978 -256	12). 668 -232	13). 122 -104	14). 567 -110	15). 860 -544
16). 759 -318	17). 851 -714	18). 544 -136	19). 401 -239	20). 702 -194
21). 499 -196	22). 959 -125	23). 778 -162	24). 559 -362	25). 973 -111
26). 421 -218	27). 504 -331	28). 349 -174	29). 751 -618	30). 848 -129

Day:  **Time:** **Score:** /30

1). 934 -356	2). 433 -180	3). 823 -569	4). 153 -128	5). 249 -143
6). 230 -158	7). 737 -388	8). 431 -133	9). 513 -352	10). 413 -316
1). 361 -325	12). 259 -255	13). 392 -123	14). 975 -139	15). 855 -228
6). 822 -310	17). 925 -720	18). 855 -617	19). 786 -128	20). 648 -256
1). 124 -103	22). 541 -263	23). 970 -817	24). 412 -304	25). 577 -127
6). 435 -407	27). 741 -659	28). 749 -573	29). 683 -406	30). 545 -142

Subtraction 3-Digit Numbers

Day: **Time:** **Score:** /30

1). 266 -169	2). 824 -780	3). 274 -200	4). 185 -120	5). 978 -362
6). 513 -194	7). 903 -738	8). 303 -201	9). 464 -353	10). 284 -179
11). 613 -464	12). 682 -332	13). 533 -453	14). 839 -350	15). 176 -119
16). 862 -458	17). 603 -105	18). 500 -184	19). 123 -123	20). 781 -596
21). 940 -237	22). 307 -287	23). 896 -646	24). 842 -379	25). 129 -100
26). 558 -501	27). 465 -393	28). 158 -115	29). 746 -663	30). 749 -535

Subtraction 3-Digit Numbers

Day:  **Time:** **Score:** /30

1).	2).	3).	4).	5).
148	917	261	867	974
-118	-626	-174	-639	-407

6).	7).	8).	9).	10).
777	536	102	312	835
-750	-187	-102	-152	-529

11).	12).	13).	14).	15).
905	867	393	943	188
-784	-139	-322	-561	-102

16).	17).	18).	19).	20).
772	450	505	104	949
-310	-380	-317	-103	-835

21).	22).	23).	24).	25).
886	334	951	239	912
-824	-331	-397	-204	-598

26).	27).	28).	29).	30).
687	519	617	437	682
-184	-437	-398	-223	-184

Subtraction 3-Digit Numbers

Day:  **Time:** **Score:** /30

1). 829 -292 ____	2). 160 -110 ____	3). 293 -164 ____	4). 416 -182 ____	5). 376 -277 ____
6). 874 -655 ____	7). 381 -257 ____	8). 404 -231 ____	9). 909 -560 ____	10). 333 -213 ____
11). 806 -408 ____	12). 416 -135 ____	13). 345 -135 ____	14). 692 -545 ____	15). 896 -441 ____
16). 387 -377 ____	17). 800 -507 ____	18). 401 -260 ____	19). 561 -492 ____	20). 589 -483 ____
21). 130 -123 ____	22). 943 -223 ____	23). 531 -416 ____	24). 278 -256 ____	25). 517 -344 ____
26). 157 -110 ____	27). 188 -108 ____	28). 732 -301 ____	29). 867 -221 ____	30). 819 -546 ____

Subtraction 4-Digit Numbers

Day:  **Time:** **Score:** /30

1). 9475 -5969	2). 4529 -1425	3). 8735 -7232	4). 7565 -3543	5). 9594 -6936
6). 3101 -1358	7). 2837 -2236	8). 5902 -4401	9). 7623 -3807	10). 8655 -5388
1). 8925 -6489	12). 5020 -4069	13). 9942 -6793	14). 8054 -4902	15). 8440 -5308
6). 7654 -2922	17). 1001 -1001	18). 9682 -9640	19). 8435 -3123	20). 7105 -2293
1). 3966 -1619	22). 2864 -1350	23). 8366 -4725	24). 9134 -1188	25). 7909 -7552
6). 8327 -4537	27). 1855 -1420	28). 6481 -6400	29). 2217 -2101	30). 8655 -6304

Subtraction 4-Digit Numbers

Day: **Time:** **Score:** /30

1). 9689 -1714	2). 4852 -2910	3). 2647 -1254	4). 8020 -1561	5). 4700 -2669
6). 6837 -6162	7). 6850 -6695	8). 6989 -6110	9). 4326 -2678	10). 3263 -2033
11). 2011 -1452	12). 9478 -8652	13). 8358 -5842	14). 4947 -1144	15). 8999 -8502
16). 8194 -3220	17). 4103 -3722	18). 2726 -1019	19). 4171 -3000	20). 8226 -2786
21). 1608 -1023	22). 8412 -6239	23). 9880 -3060	24). 9169 -4437	25). 9489 -4877
26). 2308 -1096	27). 5317 -3001	28). 4412 -2240	29). 6114 -1791	30). 6824 -1738

Day:  **Time:** **Score:** /30

1). 5891 -2115	2). 1080 -1049	3). 6513 -5159	4). 2388 -2228	5). 3392 -1480
6). 9626 -8618	7). 4765 -2300	8). 1373 -1369	9). 7555 -1854	10). 3023 -1714
11). 5751 -1143	12). 9877 -2285	13). 1754 -1316	14). 1802 -1371	15). 8136 -6179
16). 7205 -2433	17). 8729 -7102	18). 8826 -7429	19). 6230 -2995	20). 3983 -1155
21). 6756 -2597	22). 9473 -4689	23). 6912 -4758	24). 9267 -3149	25). 8964 -6373
26). 7532 -2041	27). 1655 -1535	28). 2245 -1386	29). 5048 -3121	30). 5878 -2469

Subtraction 4-Digit Numbers

Day: **Time:** **Score:** /30

1). 7534 -1059	2). 1685 -1599	3). 4855 -3347	4). 4609 -2285	5). 8233 -3937
6). 4949 -1973	7). 5021 -4472	8). 2914 -2429	9). 5584 -5252	10). 9536 -9383
11). 3264 -2081	12). 2996 -2365	13). 3636 -2008	14). 9547 -3739	15). 3364 -2773
16). 9579 -7962	17). 3929 -2043	18). 6978 -4462	19). 3081 -1625	20). 3744 -2215
21). 2107 -1724	22). 5770 -4767	23). 3931 -1661	24). 1789 -1411	25). 7597 -5120
26). 5781 -3480	27). 2917 -1863	28). 4522 -3616	29). 6938 -5829	30). 5547 -3923

Subtraction 4-Digit Numbers

Day:  **Time:** **Score:** /30

1). 4533 -3660	2). 7428 -2052	3). 9299 -8035	4). 1861 -1677	5). 8800 -3489
6). 3460 -2554	7). 8217 -2566	8). 9343 -7054	9). 3514 -2955	10). 1186 -1099
1). 1922 -1700	12). 9476 -5646	13). 1641 -1227	14). 5791 -1381	15). 1063 -1009
6). 8484 -6348	17). 4214 -2645	18). 4733 -2176	19). 6200 -1481	20). 2680 -1508
1). 8111 -6890	22). 4319 -3594	23). 9266 -9126	24). 2842 -1232	25). 6653 -5722
6). 6411 -5640	27). 9157 -4915	28). 5689 -5597	29). 1463 -1049	30). 5020 -2902

Multiplication ×

20 worksheets
30 problems per sheet

Examples

Example 1 (2-digit by 1-digit numbers)

1

$$\begin{array}{r} 95 \\ \times \quad 5 \\ \hline \end{array}$$

2

$$\begin{array}{r} {}^{2} \\ 95 \\ \times \quad 5 \\ \hline 5 \end{array}$$

3

$$\begin{array}{r} {}^{2} \\ 95 \\ \times \quad 5 \\ \hline 475 \end{array}$$

Example 2 (3-digit by 1-digit numbers)

1

$$\begin{array}{r} 346 \\ \times \quad 8 \\ \hline \end{array}$$

2

$$\begin{array}{r} {}^{4} \\ 346 \\ \times \quad 8 \\ \hline 8 \end{array}$$

3

$$\begin{array}{r} {}^{3\ 4} \\ 346 \\ \times \quad 8 \\ \hline 68 \end{array}$$

4

$$\begin{array}{r} {}^{3\ 4} \\ 346 \\ \times \quad 8 \\ \hline 2768 \end{array}$$

Example 3 (4-digit by 1-digit numbers)

1

$$\begin{array}{r} 2435 \\ \times \quad 6 \\ \hline \end{array}$$

2

$$\begin{array}{r} {}^{3} \\ 2435 \\ \times \quad 6 \\ \hline 0 \end{array}$$

3

$$\begin{array}{r} {}^{2\ 3} \\ 2435 \\ \times \quad 6 \\ \hline 10 \end{array}$$

4

$$\begin{array}{r} {}^{2\ 2\ 4} \\ 2435 \\ \times \quad 6 \\ \hline 610 \end{array}$$

5

$$\begin{array}{r} {}^{2\ 2\ 4} \\ 2435 \\ \times \quad 6 \\ \hline 14610 \end{array}$$

Example 4 (5-digit by 1-digit numbers)

1

$$\begin{array}{r} 42563 \\ \times \quad 6 \\ \hline \end{array}$$

2

$$\begin{array}{r} {}^{1} \\ 42563 \\ \times \quad 6 \\ \hline 8 \end{array}$$

3

$$\begin{array}{r} {}^{3\ 1} \\ 42563 \\ \times \quad 6 \\ \hline 78 \end{array}$$

4

$$\begin{array}{r} {}^{3\ 3\ 1} \\ 42563 \\ \times \quad 6 \\ \hline 378 \end{array}$$

5+

$$\begin{array}{r} {}^{1\ 3\ 3\ 1} \\ 42563 \\ \times \quad 6 \\ \hline 255378 \end{array}$$

Example 5 (3-digit by 3-digit numbers)

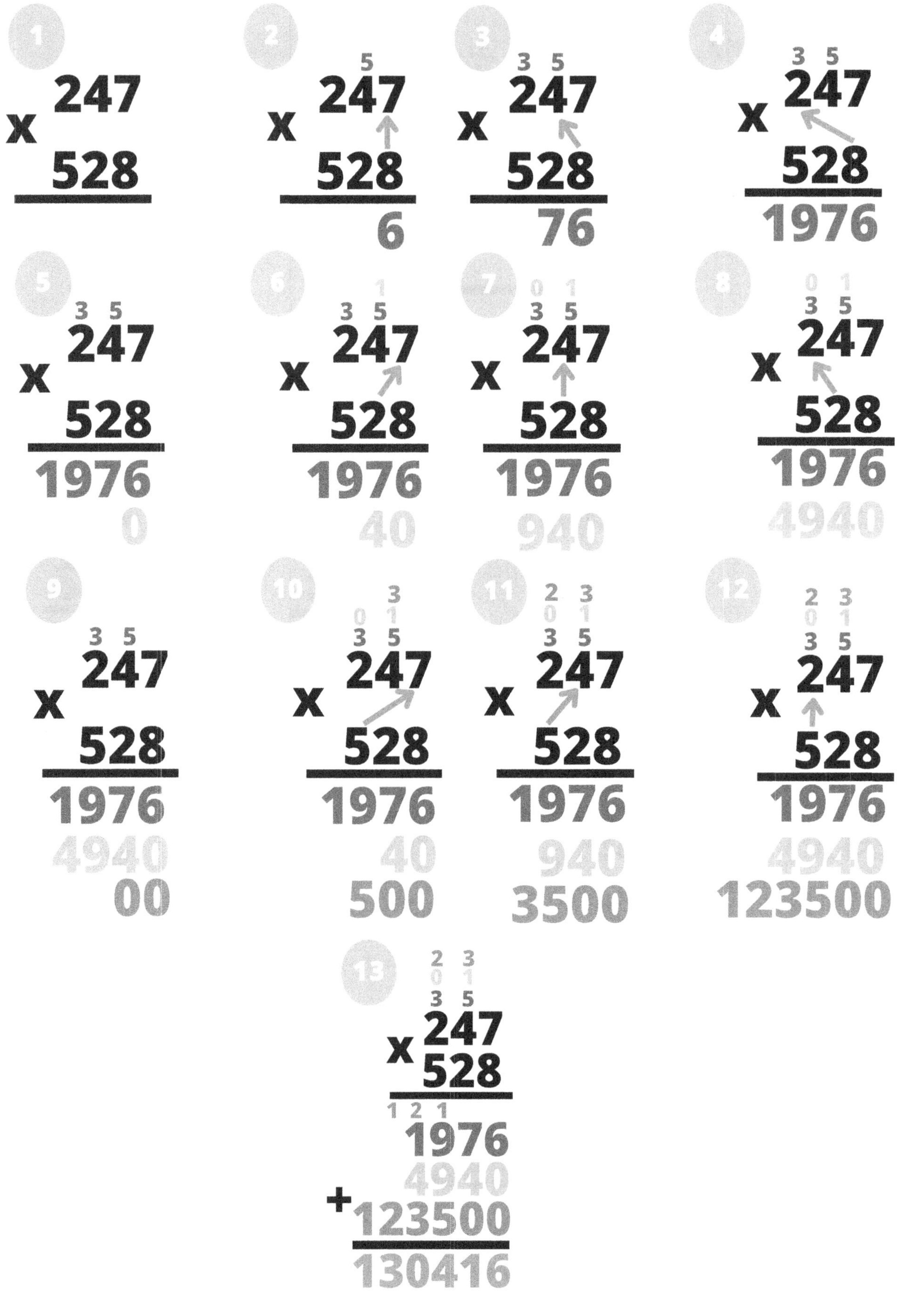

1

```
  247
x 528
-----
```

2

```
    5
  247
x 528
-----
    6
```

3

```
  3 5
  247
x 528
-----
   76
```

4

```
  3 5
  247
x 528
-----
 1976
```

5

```
  3 5
  247
x 528
-----
 1976
    0
```

6

```
    1
  3 5
  247
x 528
-----
 1976
   40
```

7

```
  0 1
  3 5
  247
x 528
-----
 1976
  940
```

8

```
  0 1
  3 5
  247
x 528
-----
 1976
 4940
```

9

```
  3 5
  247
x 528
-----
 1976
 4940
   00
```

10

```
    3
  0 1
  3 5
  247
x 528
-----
 1976
   40
  500
```

11

```
  2 3
  0 1
  3 5
  247
x 528
-----
 1976
  940
 3500
```

12

```
  2 3
  0 1
  3 5
  247
x 528
-------
   1976
   4940
 123500
```

13

```
    2 3
    0 1
    3 5
    247
  x 528
  -----
  1 2 1
   1976
   4940
+123500
-------
 130416
```

Example 6 (2-digit by 2-digit numbers)

1

$$\begin{array}{r} 45 \\ \times\ 95 \\ \hline \end{array}$$

2

$$\begin{array}{r} {\scriptstyle 2}\ \ \\ 45 \\ \times\ 95 \\ \hline 5 \end{array}$$

3

$$\begin{array}{r} {\scriptstyle 2}\ \ \\ 45 \\ \times\ 95 \\ \hline 225 \end{array}$$

4

$$\begin{array}{r} {\scriptstyle 2}\ \ \\ 45 \\ \times\ 95 \\ \hline 225 \\ 0 \end{array}$$

5

$$\begin{array}{r} {\scriptstyle 4}\ \ \\ {\scriptstyle 2}\ \ \\ 45 \\ \times\ 95 \\ \hline 225 \\ 50 \end{array}$$

6

$$\begin{array}{r} {\scriptstyle 4}\ \ \\ {\scriptstyle 2}\ \ \\ 45 \\ \times\ 95 \\ \hline 225 \\ 4050 \end{array}$$

7

$$\begin{array}{r} {\scriptstyle 4}\ \ \\ {\scriptstyle 2}\ \ \\ 45 \\ \times\ 95 \\ \hline 225 \\ +\ 4050 \\ \hline 4275 \end{array}$$

Multiplication 1-Digit By 1-Digit Numbers

Day:  **Time:** **Score:** /30

1).	2).	3).	4).	5).
5 x7	1 x4	2 x1	5 x3	12 x7

6).	7).	8).	9).	10).
10 x6	1 x3	5 x6	3 x5	8 x2

11).	12).	13).	14).	15).
11 x3	7 x7	7 x4	1 x1	10 x8

16).	17).	18).	19).	20).
12 x7	7 x2	8 x5	3 x8	3 x6

21).	22).	23).	24).	25).
4 x9	8 x6	2 x5	10 x5	4 x4

26).	27).	28).	29).	30).
4 x7	1 x4	4 x1	9 x7	11 x6

Multiplication 1-Digit By 1-Digit Numbers

Day:  **Time:** **Score:** /30

1). 8 x9 ____	2). 5 x4 ____	3). 7 x9 ____	4). 9 x8 ____	5). 8 x6 ____
6). 9 x6 ____	7). 6 x5 ____	8). 11 x7 ____	9). 4 x2 ____	10). 9 x1 ____
11). 12 x6 ____	12). 5 x4 ____	13). 12 x8 ____	14). 2 x8 ____	15). 12 x9 ____
16). 9 x3 ____	17). 7 x6 ____	18). 11 x8 ____	19). 10 x5 ____	20). 7 x2 ____
21). 6 x6 ____	22). 6 x6 ____	23). 4 x1 ____	24). 6 x5 ____	25). 3 x2 ____
26). 10 x2 ____	27). 7 x7 ____	28). 1 x4 ____	29). 1 x4 ____	30). 11 x7 ____

Multiplication 1-Digit By 1-Digit Numbers

Day:  **Time:** **Score:** /30

1). 7 x6	2). 10 x6	3). 4 x2	4). 10 x4	5). 8 x2
6). 5 x7	7). 7 x7	8). 7 x5	9). 10 x4	10). 12 x8
11). 5 x7	12). 3 x5	13). 2 x1	14). 3 x3	15). 3 x4
16). 1 x6	17). 6 x5	18). 7 x5	19). 3 x6	20). 12 x9
21). 2 x1	22). 3 x2	23). 3 x2	24). 3 x3	25). 8 x7
26). 6 x7	27). 9 x8	28). 10 x2	29). 7 x8	30). 3 x8

Multiplication 1-Digit By 1-Digit Numbers

Day:  **Time:** **Score:** /30

1). 8 x5	2). 4 x7	3). 7 x4	4). 5 x1	5). 2 x6
6). 8 x8	7). 11 x3	8). 3 x6	9). 5 x7	10). 9 x1
1). 12 x2	12). 8 x8	13). 2 x3	14). 11 x9	15). 7 x5
6). 8 x3	17). 10 x6	18). 4 x3	19). 2 x2	20). 9 x6
1). 1 x7	22). 6 x6	23). 4 x9	24). 6 x2	25). 3 x9
6). 10 x2	27). 9 x8	28). 5 x6	29). 6 x1	30). 11 x5

Multiplication 1-Digit By 1-Digit Numbers

Day:  **Time:** **Score:** /30

1). 3 x1	2). 4 x7	3). 8 x6	4). 5 x2	5). 5 x9
6). 3 x5	7). 7 x6	8). 6 x2	9). 6 x4	10). 7 x5
11). 4 x4	12). 7 x2	13). 1 x8	14). 3 x3	15). 2 x9
16). 9 x3	17). 3 x4	18). 2 x3	19). 5 x5	20). 7 x4
21). 10 x3	22). 9 x6	23). 9 x2	24). 12 x5	25). 4 x8
26). 11 x9	27). 1 x4	28). 3 x2	29). 9 x6	30). 6 x3

Multiplication 2-Digit By 1-Digit Numbers

Day: **Time:** **Score:** /30

1). 26 x2	2). 85 x7	3). 12 x7	4). 90 x1	5). 75 x2
6). 38 x6	7). 12 x4	8). 29 x4	9). 67 x8	10). 96 x4
11). 51 x5	12). 57 x3	13). 87 x2	14). 51 x3	15). 45 x1
16). 28 x6	17). 39 x6	18). 41 x7	19). 44 x3	20). 43 x3
21). 58 x7	22). 47 x8	23). 15 x4	24). 33 x2	25). 16 x2
26). 98 x4	27). 84 x4	28). 21 x3	29). 18 x1	30). 91 x8

Multiplication 2-Digit By 1-Digit Numbers

Day: **Time:** **Score:** /30

1). 63 x7	2). 54 x9	3). 17 x4	4). 51 x3	5). 36 x6
6). 71 x6	7). 75 x2	8). 89 x7	9). 23 x3	10). 27 x8
11). 10 x4	12). 26 x5	13). 37 x9	14). 96 x6	15). 43 x8
16). 96 x4	17). 63 x8	18). 63 x7	19). 30 x2	20). 39 x6
21). 37 x4	22). 32 x6	23). 88 x3	24). 50 x7	25). 51 x7
26). 62 x5	27). 45 x2	28). 32 x9	29). 69 x9	30). 86 x7

Day: **Time:** **Score:** /30

1). 22 x9	2). 14 x4	3). 20 x3	4). 73 x4	5). 23 x1
6). 33 x2	7). 28 x4	8). 89 x9	9). 16 x6	10). 22 x7
1). 39 x9	12). 35 x1	13). 70 x4	14). 77 x9	15). 21 x7
6). 54 x2	17). 28 x4	18). 51 x2	19). 69 x1	20). 93 x6
1). 19 x7	22). 91 x4	23). 90 x8	24). 35 x8	25). 40 x4
6). 54 x7	27). 21 x3	28). 67 x6	29). 62 x3	30). 49 x5

Multiplication 2-Digit By 1-Digit Numbers

Day: **Time:** **Score:** /30

1). 90 x2	2). 89 x7	3). 70 x2	4). 71 x1	5). 12 x8
6). 64 x7	7). 55 x6	8). 41 x5	9). 88 x8	10). 91 x8
11). 84 x3	12). 36 x6	13). 65 x8	14). 14 x3	15). 59 x2
16). 81 x1	17). 76 x6	18). 50 x2	19). 81 x6	20). 68 x4
21). 33 x6	22). 25 x7	23). 84 x6	24). 85 x2	25). 40 x1
26). 62 x3	27). 49 x7	28). 76 x3	29). 79 x6	30). 57 x5

Multiplication 2-Digit By 1-Digit Numbers

Day: ⏱ **Time:** **Score:** /30

1).
$$\begin{array}{r} 90 \\ \times 2 \\ \hline \end{array}$$

2).
$$\begin{array}{r} 89 \\ \times 7 \\ \hline \end{array}$$

3).
$$\begin{array}{r} 70 \\ \times 2 \\ \hline \end{array}$$

4).
$$\begin{array}{r} 71 \\ \times 1 \\ \hline \end{array}$$

5).
$$\begin{array}{r} 12 \\ \times 8 \\ \hline \end{array}$$

6).
$$\begin{array}{r} 64 \\ \times 7 \\ \hline \end{array}$$

7).
$$\begin{array}{r} 55 \\ \times 6 \\ \hline \end{array}$$

8).
$$\begin{array}{r} 41 \\ \times 5 \\ \hline \end{array}$$

9).
$$\begin{array}{r} 88 \\ \times 8 \\ \hline \end{array}$$

10).
$$\begin{array}{r} 91 \\ \times 8 \\ \hline \end{array}$$

11).
$$\begin{array}{r} 84 \\ \times 3 \\ \hline \end{array}$$

12).
$$\begin{array}{r} 36 \\ \times 6 \\ \hline \end{array}$$

13).
$$\begin{array}{r} 65 \\ \times 8 \\ \hline \end{array}$$

14).
$$\begin{array}{r} 14 \\ \times 3 \\ \hline \end{array}$$

15).
$$\begin{array}{r} 59 \\ \times 2 \\ \hline \end{array}$$

16).
$$\begin{array}{r} 81 \\ \times 1 \\ \hline \end{array}$$

17).
$$\begin{array}{r} 76 \\ \times 6 \\ \hline \end{array}$$

18).
$$\begin{array}{r} 50 \\ \times 2 \\ \hline \end{array}$$

19).
$$\begin{array}{r} 81 \\ \times 6 \\ \hline \end{array}$$

20).
$$\begin{array}{r} 68 \\ \times 4 \\ \hline \end{array}$$

21).
$$\begin{array}{r} 33 \\ \times 6 \\ \hline \end{array}$$

22).
$$\begin{array}{r} 25 \\ \times 7 \\ \hline \end{array}$$

23).
$$\begin{array}{r} 84 \\ \times 6 \\ \hline \end{array}$$

24).
$$\begin{array}{r} 85 \\ \times 2 \\ \hline \end{array}$$

25).
$$\begin{array}{r} 40 \\ \times 1 \\ \hline \end{array}$$

26).
$$\begin{array}{r} 62 \\ \times 3 \\ \hline \end{array}$$

27).
$$\begin{array}{r} 49 \\ \times 7 \\ \hline \end{array}$$

28).
$$\begin{array}{r} 76 \\ \times 3 \\ \hline \end{array}$$

29).
$$\begin{array}{r} 79 \\ \times 6 \\ \hline \end{array}$$

30).
$$\begin{array}{r} 57 \\ \times 5 \\ \hline \end{array}$$

Multiplication 2-Digit By 1-Digit Numbers

Day: **Time:** **Score:** /30

1). 91 x5	2). 19 x8	3). 36 x8	4). 78 x8	5). 45 x3
6). 24 x5	7). 16 x8	8). 36 x5	9). 23 x4	10). 44 x5
11). 62 x3	12). 83 x6	13). 54 x6	14). 49 x5	15). 18 x9
16). 13 x2	17). 96 x3	18). 66 x5	19). 72 x2	20). 75 x7
21). 23 x7	22). 80 x7	23). 96 x5	24). 25 x9	25). 94 x2
26). 28 x2	27). 32 x5	28). 90 x5	29). 10 x6	30). 49 x4

Multiplication 2-Digit By 1-Digit Numbers

Day: ⏱ Time: Score: /30

1).
$$\begin{array}{r} 91 \\ \times 5 \\ \hline \end{array}$$

2).
$$\begin{array}{r} 19 \\ \times 8 \\ \hline \end{array}$$

3).
$$\begin{array}{r} 36 \\ \times 8 \\ \hline \end{array}$$

4).
$$\begin{array}{r} 78 \\ \times 8 \\ \hline \end{array}$$

5).
$$\begin{array}{r} 45 \\ \times 3 \\ \hline \end{array}$$

6).
$$\begin{array}{r} 24 \\ \times 5 \\ \hline \end{array}$$

7).
$$\begin{array}{r} 16 \\ \times 8 \\ \hline \end{array}$$

8).
$$\begin{array}{r} 36 \\ \times 5 \\ \hline \end{array}$$

9).
$$\begin{array}{r} 23 \\ \times 4 \\ \hline \end{array}$$

10).
$$\begin{array}{r} 44 \\ \times 5 \\ \hline \end{array}$$

11).
$$\begin{array}{r} 62 \\ \times 3 \\ \hline \end{array}$$

12).
$$\begin{array}{r} 83 \\ \times 6 \\ \hline \end{array}$$

13).
$$\begin{array}{r} 54 \\ \times 6 \\ \hline \end{array}$$

14).
$$\begin{array}{r} 49 \\ \times 5 \\ \hline \end{array}$$

15).
$$\begin{array}{r} 18 \\ \times 9 \\ \hline \end{array}$$

16).
$$\begin{array}{r} 13 \\ \times 2 \\ \hline \end{array}$$

17).
$$\begin{array}{r} 96 \\ \times 3 \\ \hline \end{array}$$

18).
$$\begin{array}{r} 66 \\ \times 5 \\ \hline \end{array}$$

19).
$$\begin{array}{r} 72 \\ \times 2 \\ \hline \end{array}$$

20).
$$\begin{array}{r} 75 \\ \times 7 \\ \hline \end{array}$$

21).
$$\begin{array}{r} 23 \\ \times 7 \\ \hline \end{array}$$

22).
$$\begin{array}{r} 80 \\ \times 7 \\ \hline \end{array}$$

23).
$$\begin{array}{r} 96 \\ \times 5 \\ \hline \end{array}$$

24).
$$\begin{array}{r} 25 \\ \times 9 \\ \hline \end{array}$$

25).
$$\begin{array}{r} 94 \\ \times 2 \\ \hline \end{array}$$

26).
$$\begin{array}{r} 28 \\ \times 2 \\ \hline \end{array}$$

27).
$$\begin{array}{r} 32 \\ \times 5 \\ \hline \end{array}$$

28).
$$\begin{array}{r} 90 \\ \times 5 \\ \hline \end{array}$$

29).
$$\begin{array}{r} 10 \\ \times 6 \\ \hline \end{array}$$

30).
$$\begin{array}{r} 49 \\ \times 4 \\ \hline \end{array}$$

Multiplication 2-Digit By 1-Digit Numbers

Day: **Time:** **Score:** /30

1). 37 x97	2). 23 x18	3). 91 x57	4). 11 x40	5). 16 x19
6). 65 x17	7). 56 x13	8). 33 x35	9). 34 x57	10). 96 x54
11). 53 x77	12). 41 x58	13). 81 x78	14). 39 x74	15). 59 x58
16). 99 x60	17). 19 x62	18). 59 x47	19). 14 x30	20). 64 x69
21). 70 x77	22). 35 x73	23). 92 x91	24). 90 x49	25). 66 x29
26). 30 x35	27). 51 x83	28). 81 x30	29). 55 x20	30). 73 x84

Multiplication 2-Digit By 2-Digit Numbers

Day:  **Time:** **Score:** /30

1). 64 x14	2). 94 x86	3). 33 x60	4). 65 x50	5). 88 x46
6). 44 x92	7). 47 x62	8). 64 x20	9). 63 x97	10). 65 x22
1). 62 x47	12). 54 x35	13). 73 x27	14). 75 x45	15). 46 x93
6). 30 x10	17). 34 x83	18). 59 x35	19). 88 x22	20). 39 x37
1). 79 x63	22). 88 x35	23). 10 x53	24). 91 x79	25). 27 x98
6). 30 x74	27). 72 x41	28). 90 x69	29). 79 x11	30). 97 x73

Multiplication 2-Digit By 2-Digit Numbers

Day: **Time:** **Score:** /30

1). 89 x57	2). 48 x86	3). 85 x63	4). 67 x43	5). 45 x11
6). 27 x57	7). 70 x53	8). 37 x24	9). 95 x80	10). 73 x52
11). 60 x76	12). 56 x89	13). 35 x92	14). 79 x59	15). 53 x85
16). 32 x23	17). 55 x21	18). 29 x95	19). 80 x45	20). 56 x74
21). 13 x96	22). 30 x98	23). 91 x84	24). 79 x84	25). 79 x18
26). 85 x68	27). 64 x78	28). 22 x55	29). 94 x65	30). 19 x14

Multiplication 2-Digit By 2-Digit Numbers

Day: **Time:** **Score:** /30

1). 39 x27	2). 81 x84	3). 51 x41	4). 74 x56	5). 52 x80
6). 54 x47	7). 11 x11	8). 46 x22	9). 18 x47	10). 24 x70
11). 74 x11	12). 41 x91	13). 30 x36	14). 55 x18	15). 70 x14
16). 97 x87	17). 10 x68	18). 62 x34	19). 31 x96	20). 70 x64
21). 70 x63	22). 44 x45	23). 63 x55	24). 65 x42	25). 44 x65
26). 32 x56	27). 48 x82	28). 67 x40	29). 44 x64	30). 10 x86

Multiplication 2-Digit By 2-Digit Numbers

Day:  **Time:** **Score:** /30

1).	2).	3).	4).	5).
84 x72	98 x67	82 x36	78 x10	60 x49

6).	7).	8).	9).	10).
38 x58	11 x40	80 x26	87 x87	53 x84

11).	12).	13).	14).	15).
14 x17	43 x29	13 x94	18 x12	88 x86

16).	17).	18).	19).	20).
36 x29	25 x69	62 x40	17 x93	10 x13

21).	22).	23).	24).	25).
90 x82	57 x64	13 x16	65 x34	52 x36

26).	27).	28).	29).	30).
77 x46	55 x94	13 x20	67 x43	79 x35

Multiplication 3-Digit By 3-Digit Numbers

Day: **Time:** **Score:** /30

1).	2).	3).	4).	5).
738	407	99	601	750
x729	x964	x921	x791	x103

6).	7).	8).	9).	10).
642	362	194	670	888
x876	x989	x960	x387	x510

1).	12).	13).	14).	15).
451	686	910	277	792
x396	x294	x372	x648	x275

6).	17).	18).	19).	20).
139	893	134	838	602
x752	x897	x516	x142	x167

1).	22).	23).	24).	25).
150	537	716	994	253
x455	x498	x211	x116	x803

6).	27).	28).	29).	30).
792	389	607	740	860
x892	x735	x810	x487	x557

Multiplication 3-Digit By 3-Digit Numbers

Day: **Time:** **Score:** /30

1). 777 x839	2). 390 x329	3). 559 x648	4). 353 x997	5). 748 x571
6). 123 x444	7). 151 x775	8). 760 x647	9). 855 x593	10). 519 x292
11). 898 x959	12). 335 x941	13). 190 x632	14). 922 x556	15). 287 x532
16). 105 x425	17). 878 x907	18). 199 x102	19). 492 x166	20). 318 x834
21). 407 x110	22). 855 x289	23). 818 x752	24). 583 x361	25). 253 x996
26). 973 x710	27). 906 x241	28). 700 x791	29). 228 x469	30). 884 x447

Multiplication 3-Digit By 3-Digit Numbers

Day: **Time:** **Score:** /30

1). 217 x546	2). 451 x532	3). 611 x791	4). 442 x299	5). 905 x700
6). 501 x904	7). 658 x246	8). 278 x952	9). 481 x134	10). 305 x457
11). 188 x675	12). 846 x157	13). 153 x919	14). 104 x854	15). 671 x574
16). 466 x129	17). 804 x100	18). 126 x814	19). 987 x734	20). 757 x958
21). 832 x735	22). 238 x482	23). 139 x216	24). 267 x533	25). 367 x575
26). 886 x796	27). 865 x491	28). 677 x993	29). 710 x792	30). 736 x494

Multiplication 3-Digit By 3-Digit Numbers

Day: **Time:** **Score:** /30

1). 131 x292	2). 254 x671	3). 226 x891	4). 199 x716	5). 900 x975
6). 248 x590	7). 151 x281	8). 259 x155	9). 263 x225	10). 502 x887
11). 789 x632	12). 762 x688	13). 267 x292	14). 219 x264	15). 347 x609
16). 499 x378	17). 930 x966	18). 696 x664	19). 717 x391	20). 863 x859
21). 606 x751	22). 514 x958	23). 612 x556	24). 786 x751	25). 735 x646
26). 483 x518	27). 300 x314	28). 907 x817	29). 857 x250	30). 432 x884

Multiplication 3-Digit By 3-Digit Numbers

Day: **Time:** **Score:** /30

1). 492 x928	2). 110 x410	3). 677 x209	4). 254 x792	5). 998 x661
6). 759 x326	7). 686 x361	8). 361 x596	9). 322 x108	10). 249 x350
11). 243 x119	12). 221 x225	13). 802 x511	14). 334 x384	15). 136 x950
6). 141 x871	17). 556 x914	18). 221 x693	19). 581 x963	20). 296 x905
1). 911 x908	22). 672 x749	23). 403 x877	24). 472 x759	25). 194 x700
6). 185 x894	27). 607 x713	28). 827 x585	29). 329 x456	30). 512 x954

Division ÷

20 worksheets
40 problems per sheet

William. Education

Examples

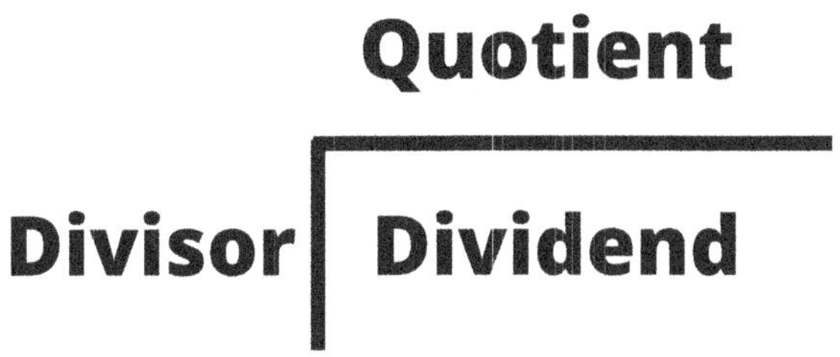

Quotient

Divisor | Dividend

Dividend ÷ Divisor = Quotient

Steps

D = Divide
M = Multiply
S = Subtract
B = Bring down

Example :

7 | 917

1
7 | 917

tep 1: D for Divide

ow many times will 7 go into 917? hat's too hard to work out in your head, so let's break it down into smaller steps.
The first problem you'll work out in this equation is how many times can you divide 9 into 7.
The answer is 1. So you put 1 on the quotient line.

1
7 | 917
7

Step 2: M for Multiply

You multiply your answer from step 1 and your divisor: 1 x 7 = 7. You write 7 under the 9

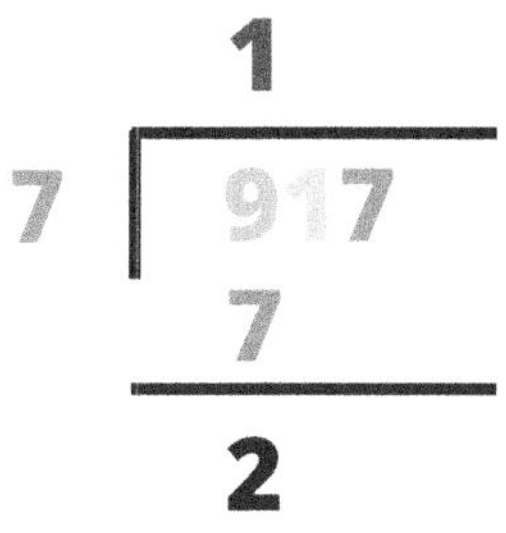

1
7 | 917
7
2

Step 3: S for Subtract

Next you subtract. In this case it will be 9 – 7 = 2

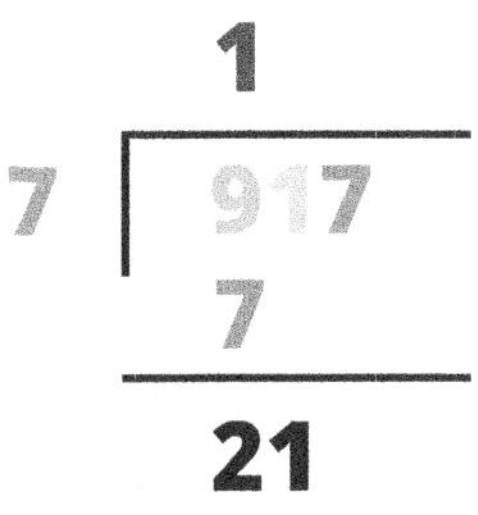

1
7 | 917
7
21

tep 4: B for Bring down

last step in the sequence is to bring down next number from the dividend, which in is case is 1. You write the 1 next to the 2, making the number 21.

low you start all over again

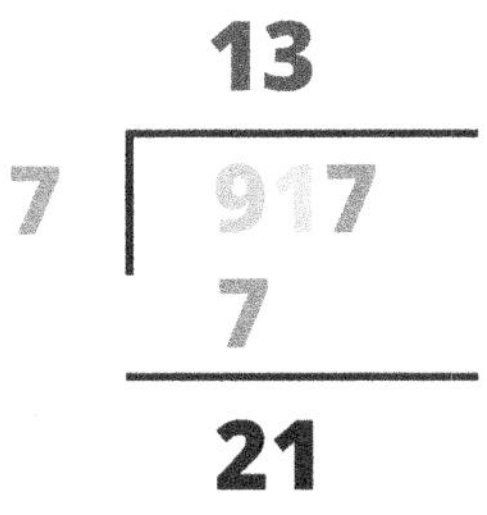

13
7 | 917
7
21

Step 1: D for Divide

How many times can you divide 3into 21. The answer is 3. So you put 3 on the quotient line.

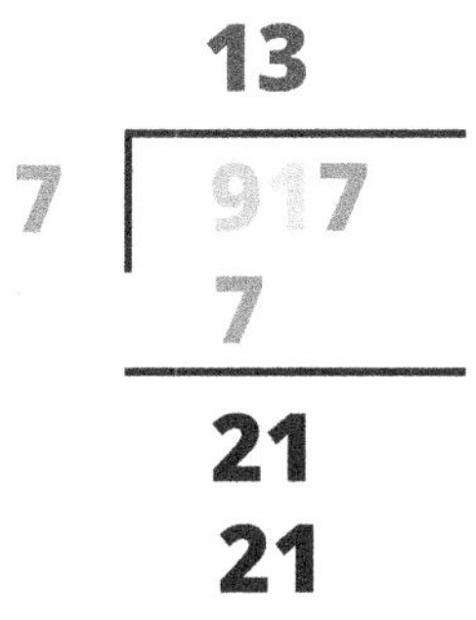

13
7 | 917
7
21
21

Step 2: M for Multiply

You multiply your answer from step 1 and your divisor: 3 x 7 = 21. You write 21 under the 21

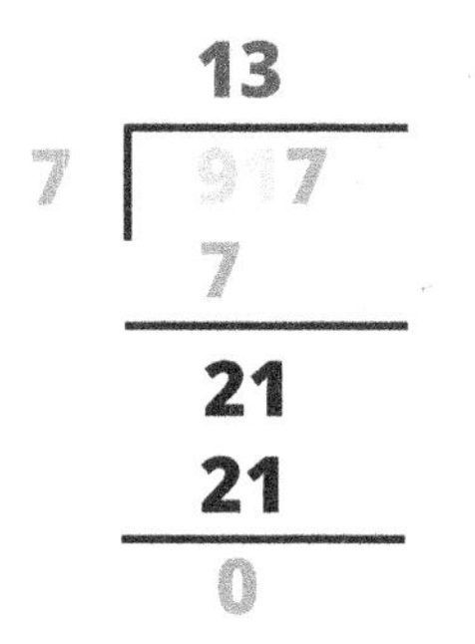

```
      13
7 | 917
    7
   ---
    21
    21
   ---
    07
```

```
      131
7 | 917
    7
   ---
    21
    21
   ---
    07
```

Step 3: S for Subtract

Next you subtract. In this case it will be 21 – 21 = 0

Step 4: B for Bring down

The last step in the sequence is to bring down the next number from the dividend, which in this case is 7. You write the 7 next to the 0, making the number 7.

Now you start all over again

Step 1: D for Divide

How many times can you divide 7 into 7. The answer is 1. So you put 1 on the quotient line.

```
      131
7 | 917
    7
   ---
    21
    21
   ---
    07
     7
   ---
```

```
      131
7 | 917
    7
   ---
    21
    21
   ---
    07
     7
   ---
     0
```

Step 2: M for Multiply

You multiply your answer from step 1 and your divisor: 1 x 7 = 7. You write 7 under the 7

Step 3: S for Subtract

Next you subtract. In this case it will be 7– 7 = 0

There is no need for step 4. We finished the problem.

Once you have the answer, do t problem in reverse using multiplic (7 x 131 = 917) to make sure yo answer is correct.

Division 5-digit by 2

```
      00309
88 | 27218
   - 0
   -----
     27
   -  0
   -----
     272
   - 264
   -----
      81
   -   0
   -----
     818
   - 792
   -----
      26
```

27218 divided by 88 equals 309 with a remainder of 26

Division 3-digit by 2

```
      007
45 | 323
   - 0
   -----
     32
   -  0
   -----
     323
   - 315
   -----
       8
```

323 divided by 45 equals 7 with a remainder of 8

Division 4-digit by 1

```
     0928
8 | 7426
  - 0
  -----
    74
  - 72
  -----
    22
  - 16
  -----
    66
  - 64
  -----
     2
```

7426 divided by 8 equals 928 with a remainder of 2

Division 4-digit by 2

```
      0132
32 | 4236
   - 0
   -----
     42
   - 32
   -----
     103
   -  96
   -----
      76
   -  64
   -----
      12
```

4236 divided by 32 equals 132 with a remainder of 12

Division 5-digit by 1

```
   03685
9 |33169
 - 0
   33
 - 27
   61
 - 54
   76
 - 72
   49
 - 45
    4
```

33169 divided by 9 equals 3685 with a remainder of 4

Once you have the answer, do the problem in reverse using multiplication (9 x 3685+4 = 33169) to make sure your answer is correct.

Division 3-digit by 1

```
   092
7 |648
 - 0
   64
 - 63
   18
 - 14
    4
```

648 divided by 7 equals 92 with a remainder of 4

Once you have the answer, do the problem in reverse using multiplication (7 x 92+4 = 648) to make sure your answer is correct.

Division 4-digit by 1

```
   0553
5 |2767
 - 0
   27
 - 25
   26
 - 25
   17
 - 15
    2
```

2767 divided by 5 equals 553 with a remainder of 2

Once you have the answer, do the problem in reverse using multiplication (5 x 553+2 = 2767) to make sure your answer is correct.

Division 6-digit by 1

```
   065282
7 |456978
 - 0
   45
 - 42
   36
 - 35
   19
 - 14
   57
 - 56
   18
 - 14
    4
```

456978 divided by 7 equals 65282 with a remainder of 4

Once you have the answer, do the problem in reverse using multiplication (7 x 65282+4 = 456978) to make sure your answer is correct.

Division 5-digit by 2

```
    02883
12 |34598
  - 0
    34
  - 24
    105
  - 96
    99
  - 96
    38
  - 36
     2
```

34598 divided by 12 equals 2883 with a remainder of 2

Once you have the answer, do the problem in reverse using multiplication (12 x 2883+2 = 34598) to make sure your answer is correct.

Division 3-digit by 2

```
    006
89 |536
  - 0
    53
  -  0
    536
  - 534
      2
```

536 divided by 89 equals 6 with a remainder of 2

Once you have the answer, do the problem in reverse using multiplication (89 x 6+2 = 536) to make sure your answer is correct.

Division 4-digit by 1

```
   0949
6 |5698
 - 0
   56
 - 54
   29
 - 24
   58
 - 54
    4
```

5698 divided by 6 equals 949 with a remainder of 4

Once you have the answer, do the problem in reverse using multiplication (949 x 6+4 = 5698) to make sure your answer is correct.

Division 4-digit by 2

```
    0179
19 |3417
  - 0
    34
  - 19
    151
  - 133
    187
  - 171
     16
```

3417 divided by 19 equals 179 with a remainder of 16

Once you have the answer, do the problem in reverse using multiplication (179 x 19+16 = 3417) to make sure your answer is correct.

! **Once you have the answer, do the problem in reverse using multiplication (Quotient x Divisor+Remainder = Dividend) to make sure your answer is correct.**

Day: **Time:** **Score:** /40

$2\overline{)42}$	$5\overline{)46}$	$6\overline{)93}$	$2\overline{)65}$	$7\overline{)52}$
$9\overline{)41}$	$7\overline{)92}$	$6\overline{)55}$	$1\overline{)68}$	$5\overline{)85}$
$1\overline{)91}$	$8\overline{)50}$	$8\overline{)71}$	$2\overline{)69}$	$5\overline{)20}$
$7\overline{)16}$	$2\overline{)93}$	$5\overline{)54}$	$1\overline{)50}$	$6\overline{)79}$
$9\overline{)30}$	$5\overline{)99}$	$5\overline{)65}$	$3\overline{)98}$	$6\overline{)86}$
$5\overline{)20}$	$5\overline{)43}$	$2\overline{)77}$	$8\overline{)29}$	$2\overline{)71}$
$4\overline{)18}$	$6\overline{)99}$	$6\overline{)33}$	$6\overline{)50}$	$9\overline{)86}$
$3\overline{)61}$	$7\overline{)30}$	$5\overline{)80}$	$7\overline{)49}$	$3\overline{)16}$

Division 2-Digit By 1-Digit Numbers

Day: **Time:** **Score:** /40

$76 \div 8$	$91 \div 5$	$21 \div 1$	$11 \div 8$	$46 \div 8$
$57 \div 3$	$32 \div 2$	$93 \div 8$	$80 \div 8$	$88 \div 7$
$91 \div 2$	$97 \div 3$	$10 \div 7$	$64 \div 6$	$32 \div 6$
$30 \div 3$	$12 \div 5$	$32 \div 6$	$17 \div 4$	$87 \div 9$
$97 \div 2$	$93 \div 7$	$41 \div 2$	$86 \div 7$	$87 \div 8$
$81 \div 3$	$49 \div 6$	$48 \div 2$	$39 \div 1$	$32 \div 8$
$87 \div 5$	$61 \div 3$	$64 \div 5$	$98 \div 1$	$82 \div 6$
$39 \div 6$	$12 \div 1$	$89 \div 7$	$57 \div 2$	$85 \div 6$

Day: Time: Score: /40

$6\overline{)34}$	$8\overline{)100}$	$8\overline{)58}$	$5\overline{)18}$	$5\overline{)73}$
$2\overline{)87}$	$3\overline{)71}$	$1\overline{)65}$	$9\overline{)49}$	$7\overline{)91}$
$6\overline{)33}$	$3\overline{)45}$	$6\overline{)80}$	$2\overline{)65}$	$5\overline{)58}$
$8\overline{)67}$	$3\overline{)70}$	$4\overline{)50}$	$7\overline{)53}$	$5\overline{)61}$
$4\overline{)79}$	$1\overline{)54}$	$8\overline{)46}$	$8\overline{)38}$	$5\overline{)51}$
$8\overline{)39}$	$4\overline{)10}$	$5\overline{)77}$	$5\overline{)86}$	$3\overline{)58}$
$2\overline{)96}$	$4\overline{)78}$	$9\overline{)55}$	$6\overline{)63}$	$4\overline{)98}$
$1\overline{)54}$	$3\overline{)35}$	$5\overline{)23}$	$9\overline{)67}$	$2\overline{)64}$

Day: **Time:** **Score:** /40

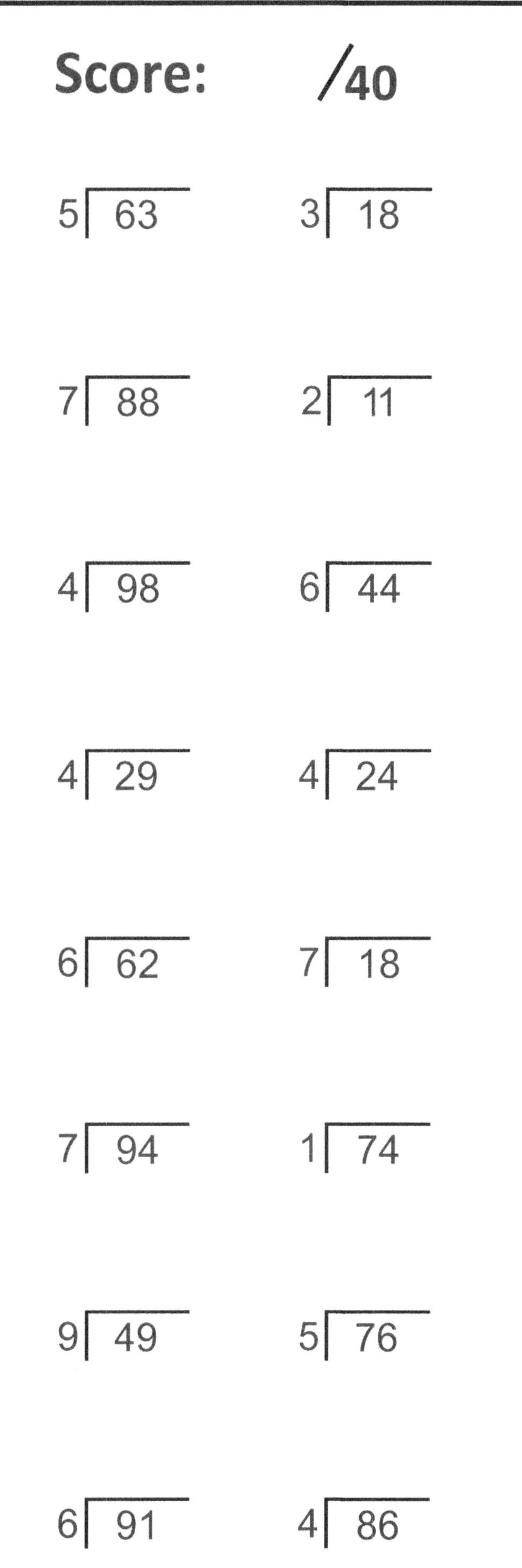

$6\overline{)74}$	$1\overline{)40}$	$1\overline{)76}$	$5\overline{)63}$	$3\overline{)18}$
$3\overline{)43}$	$7\overline{)33}$	$7\overline{)74}$	$7\overline{)88}$	$2\overline{)11}$
$1\overline{)17}$	$3\overline{)22}$	$7\overline{)58}$	$4\overline{)98}$	$6\overline{)44}$
$2\overline{)93}$	$3\overline{)88}$	$2\overline{)32}$	$4\overline{)29}$	$4\overline{)24}$
$2\overline{)45}$	$7\overline{)64}$	$1\overline{)71}$	$6\overline{)62}$	$7\overline{)18}$
$3\overline{)90}$	$3\overline{)76}$	$8\overline{)24}$	$7\overline{)94}$	$1\overline{)74}$
$4\overline{)61}$	$8\overline{)93}$	$4\overline{)83}$	$9\overline{)49}$	$5\overline{)76}$
$8\overline{)92}$	$1\overline{)63}$	$8\overline{)17}$	$6\overline{)91}$	$4\overline{)86}$

Day:  **Time:** **Score:** /40

9) 57	2) 12	4) 99	7) 39	6) 68
6) 22	2) 60	8) 41	2) 91	7) 23
4) 10	4) 69	6) 13	8) 86	4) 52
3) 96	3) 43	5) 19	3) 47	2) 53
9) 64	4) 48	1) 85	8) 62	2) 60
5) 88	6) 43	7) 51	6) 19	5) 35
8) 23	7) 70	3) 46	4) 49	2) 46
8) 54	7) 52	5) 11	4) 9	7) 59

Division 3-Digit By 1-Digit Numbers

Day: **Time:** **Score:** /40

4⟌934	9⟌789	8⟌957	4⟌730	8⟌505
3⟌484	6⟌223	7⟌458	5⟌165	2⟌887
4⟌558	1⟌851	7⟌257	5⟌596	5⟌237
3⟌653	4⟌915	3⟌459	1⟌376	6⟌476
1⟌259	3⟌317	2⟌193	3⟌574	5⟌333
6⟌488	5⟌962	7⟌724	5⟌943	2⟌913
7⟌844	5⟌995	2⟌562	4⟌335	5⟌671
2⟌160	4⟌628	8⟌732	6⟌977	4⟌632

Day: **Time:** **Score:** /40

849 ÷ 8	954 ÷ 3	313 ÷ 4	618 ÷ 7	582 ÷ 3
469 ÷ 3	619 ÷ 6	315 ÷ 5	100 ÷ 1	526 ÷ 8
495 ÷ 2	432 ÷ 3	716 ÷ 5	867 ÷ 1	397 ÷ 5
445 ÷ 3	802 ÷ 3	876 ÷ 7	130 ÷ 8	909 ÷ 2
812 ÷ 5	997 ÷ 2	478 ÷ 8	242 ÷ 4	646 ÷ 5
184 ÷ 9	539 ÷ 1	513 ÷ 2	362 ÷ 3	405 ÷ 1
428 ÷ 7	400 ÷ 4	618 ÷ 5	123 ÷ 8	557 ÷ 6
121 ÷ 3	501 ÷ 9	376 ÷ 9	326 ÷ 7	673 ÷ 9

Division 3-Digit By 1-Digit Numbers

Day: **Time:** **Score:** /40

6)561	7)470	4)469	8)329	5)660
3)429	6)512	8)237	4)608	4)206
6)140	8)470	8)446	4)385	7)787
7)516	3)564	6)863	2)123	7)241
8)293	2)711	2)617	4)145	6)125
4)330	3)876	5)991	8)446	5)122
7)408	7)957	5)492	7)986	4)793
4)887	7)111	4)381	5)447	3)985

Day: **Time:** **Score:** /40

5) 597	7) 319	6) 164	4) 986	5) 294
9) 623	6) 148	5) 966	8) 406	4) 631
7) 929	8) 406	6) 110	5) 288	8) 422
4) 601	8) 748	4) 976	4) 138	7) 472
3) 739	4) 433	4) 532	2) 568	5) 351
4) 273	8) 573	6) 933	2) 992	4) 712
7) 766	8) 796	8) 668	7) 570	1) 542
6) 887	4) 247	4) 432	8) 968	2) 425

Division 3-Digit By 1-Digit Numbers

Day: **Time:** **Score:** /40

$830 \div 3$	$224 \div 8$	$461 \div 7$	$805 \div 5$	$304 \div 2$
$427 \div 4$	$758 \div 5$	$377 \div 1$	$644 \div 5$	$492 \div 6$
$138 \div 7$	$474 \div 7$	$808 \div 5$	$283 \div 9$	$506 \div 5$
$753 \div 5$	$712 \div 5$	$407 \div 6$	$325 \div 6$	$163 \div 9$
$337 \div 3$	$826 \div 6$	$811 \div 5$	$591 \div 1$	$554 \div 7$
$806 \div 5$	$744 \div 3$	$397 \div 6$	$537 \div 1$	$438 \div 4$
$955 \div 2$	$743 \div 7$	$191 \div 5$	$836 \div 8$	$213 \div 2$
$854 \div 3$	$177 \div 1$	$197 \div 8$	$640 \div 3$	$758 \div 1$

Day: **Time:** **Score:** /40

96⟌698	87⟌549	87⟌772	75⟌855	71⟌463
22⟌992	82⟌579	16⟌669	58⟌344	52⟌241
65⟌378	77⟌472	48⟌138	23⟌477	61⟌292
92⟌902	41⟌198	56⟌1002	66⟌715	48⟌176
72⟌459	19⟌369	39⟌822	84⟌442	35⟌844
94⟌170	14⟌302	68⟌277	80⟌90	15⟌528
83⟌432	99⟌226	40⟌791	41⟌966	55⟌952
23⟌134	11⟌870	87⟌1040	11⟌628	57⟌967

Division 3-Digit By 2-Digit Numbers

Day: **Time:** **Score:** /40

37)489	93)475	10)638	60)546	51)1010
93)478	33)488	55)539	11)481	61)175
10)935	14)428	20)785	56)507	43)971
86)196	31)96	20)822	20)185	77)534
81)935	67)559	56)714	24)988	75)431
28)930	80)786	82)388	78)604	35)690
99)503	99)731	42)177	75)152	19)696
82)953	59)126	31)848	17)723	85)888

Day: Time: Score: /40

82⟌227	98⟌328	21⟌238	72⟌957	91⟌762
51⟌518	62⟌905	70⟌111	35⟌377	53⟌371
61⟌438	22⟌842	35⟌567	30⟌366	12⟌780
32⟌458	63⟌704	73⟌308	28⟌389	20⟌292
51⟌528	71⟌881	30⟌220	39⟌736	98⟌274
48⟌482	77⟌792	94⟌803	99⟌337	34⟌833
89⟌379	28⟌813	44⟌685	61⟌381	22⟌757
97⟌374	42⟌376	97⟌214	26⟌924	48⟌970

Division 3-Digit By 2-Digit Numbers

$82\overline{)227}$ $98\overline{)328}$ $21\overline{)238}$ $72\overline{)957}$ $91\overline{)762}$

$51\overline{)518}$ $62\overline{)905}$ $70\overline{)111}$ $35\overline{)377}$ $53\overline{)371}$

$61\overline{)438}$ $22\overline{)842}$ $35\overline{)567}$ $30\overline{)366}$ $12\overline{)780}$

$32\overline{)458}$ $63\overline{)704}$ $73\overline{)308}$ $28\overline{)389}$ $20\overline{)292}$

$51\overline{)528}$ $71\overline{)881}$ $30\overline{)220}$ $39\overline{)736}$ $98\overline{)274}$

$48\overline{)482}$ $77\overline{)792}$ $94\overline{)803}$ $99\overline{)337}$ $34\overline{)833}$

$89\overline{)379}$ $28\overline{)813}$ $44\overline{)685}$ $61\overline{)381}$ $22\overline{)757}$

$97\overline{)374}$ $42\overline{)376}$ $97\overline{)214}$ $26\overline{)924}$ $48\overline{)970}$

Division 3-Digit By 2-Digit Numbers

Day: **Time:** **Score:** **/40**

$24\overline{)371}$	$27\overline{)333}$	$30\overline{)320}$	$92\overline{)118}$	$81\overline{)334}$
$11\overline{)987}$	$36\overline{)935}$	$73\overline{)689}$	$12\overline{)709}$	$66\overline{)667}$
$68\overline{)546}$	$96\overline{)297}$	$30\overline{)700}$	$44\overline{)551}$	$27\overline{)543}$
$66\overline{)934}$	$16\overline{)553}$	$24\overline{)678}$	$65\overline{)248}$	$74\overline{)731}$
$96\overline{)629}$	$97\overline{)968}$	$94\overline{)492}$	$28\overline{)244}$	$63\overline{)278}$
$19\overline{)291}$	$16\overline{)824}$	$57\overline{)616}$	$60\overline{)598}$	$57\overline{)798}$
$50\overline{)768}$	$48\overline{)686}$	$78\overline{)276}$	$35\overline{)583}$	$82\overline{)126}$
$22\overline{)759}$	$36\overline{)598}$	$94\overline{)681}$	$54\overline{)912}$	$9\overline{)886}$

Day: **Time:** **Score:** /40

97⟌230	63⟌671	60⟌695	19⟌331	85⟌114
46⟌350	10⟌485	36⟌993	95⟌1008	12⟌567
27⟌113	93⟌472	49⟌892	31⟌941	87⟌790
9⟌167	9⟌675	42⟌342	27⟌160	74⟌335
33⟌146	87⟌659	63⟌683	98⟌973	17⟌624
75⟌346	92⟌361	90⟌798	85⟌198	13⟌750
77⟌421	36⟌186	74⟌514	46⟌803	43⟌891
76⟌79	58⟌803	93⟌666	78⟌897	51⟌576

vision 4-Digit By 2-Digit Numbers

Day: **Time:** **Score:** /40

9)2261	22)2866	41)6501	64)2838	26)8954
8)3048	81)4076	18)5336	61)9641	61)8083
3)5093	16)4705	58)4438	38)8566	68)3110
6)4735	40)8280	28)6843	48)9485	59)6177
0)9457	53)8743	59)3000	28)3279	15)9886
3)1981	79)9836	85)6311	49)7502	28)4973
1)2498	47)4385	53)3019	51)1958	82)6402
9)5039	67)7962	69)5954	28)6356	30)7938

Division 4-Digit By 2-Digit Numbers

Day: **Time:** **Score:** /40

$73\overline{)9314}$	$28\overline{)5254}$	$20\overline{)7234}$	$52\overline{)5877}$	$97\overline{)2541}$
$93\overline{)2079}$	$34\overline{)8743}$	$40\overline{)3672}$	$94\overline{)5028}$	$43\overline{)6492}$
$94\overline{)6482}$	$39\overline{)6774}$	$47\overline{)1002}$	$57\overline{)5200}$	$87\overline{)6098}$
$39\overline{)5572}$	$46\overline{)5506}$	$9\overline{)8421}$	$50\overline{)1883}$	$54\overline{)9534}$
$13\overline{)4353}$	$75\overline{)3306}$	$33\overline{)6523}$	$40\overline{)3497}$	$40\overline{)7059}$
$32\overline{)8631}$	$99\overline{)1836}$	$10\overline{)6227}$	$89\overline{)6877}$	$67\overline{)1665}$
$80\overline{)1036}$	$72\overline{)1187}$	$33\overline{)3084}$	$26\overline{)5365}$	$34\overline{)3672}$
$22\overline{)5861}$	$38\overline{)5954}$	$63\overline{)7978}$	$57\overline{)9714}$	$40\overline{)6870}$

Division 4-Digit By 2-Digit Numbers

Day: **Time:** **Score:** **/40**

57⟌4630	46⟌4922	98⟌3733	93⟌4943	46⟌1935
84⟌6943	18⟌2417	31⟌4893	72⟌2407	16⟌5691
35⟌6789	56⟌6161	42⟌1550	86⟌4664	32⟌7173
15⟌1388	98⟌7782	51⟌1257	17⟌5161	64⟌5730
22⟌4459	93⟌6988	32⟌4166	56⟌7655	44⟌9307
99⟌8955	13⟌4756	43⟌3191	60⟌6584	60⟌3452
29⟌3314	22⟌4408	49⟌6763	72⟌9652	69⟌7027
11⟌8633	30⟌7274	65⟌5958	61⟌8143	65⟌9904

Day: **Time:** **Score:** /40

69)3528	12)3811	94)5494	19)6747	72)7563
17)8183	34)6427	17)1014	37)7791	52)2244
71)2407	44)3831	69)3633	25)2389	88)5260
18)5619	15)3368	66)3137	95)9725	33)4651
26)1035	58)2332	88)2930	33)6894	25)7566
11)5139	48)6755	24)9920	91)3524	47)5228
40)6502	35)4250	62)1112	43)9907	13)7196
53)5610	29)2118	77)2948	12)5344	50)5450

Division 4-Digit By 2-Digit Numbers

Day: **Time:** **Score:** /40

$17\overline{)6354}$	$17\overline{)5945}$	$75\overline{)2646}$	$48\overline{)4058}$	$68\overline{)6675}$
$20\overline{)7855}$	$87\overline{)7260}$	$71\overline{)2669}$	$57\overline{)2014}$	$90\overline{)1184}$
$32\overline{)4025}$	$65\overline{)2205}$	$29\overline{)7116}$	$18\overline{)5516}$	$69\overline{)7606}$
$64\overline{)2012}$	$74\overline{)9197}$	$64\overline{)7246}$	$12\overline{)3525}$	$88\overline{)5499}$
$55\overline{)5158}$	$49\overline{)5444}$	$90\overline{)8134}$	$29\overline{)6361}$	$67\overline{)8422}$
$91\overline{)8062}$	$36\overline{)7147}$	$37\overline{)6901}$	$91\overline{)5467}$	$45\overline{)3431}$
$37\overline{)3765}$	$40\overline{)1314}$	$18\overline{)4096}$	$41\overline{)5454}$	$14\overline{)7908}$
$91\overline{)8363}$	$52\overline{)3491}$	$82\overline{)5343}$	$45\overline{)1081}$	$14\overline{)7290}$

Answer Key

Page1

90	132	130	31	113
101	146	63	72	184
103	175	181	104	66
100	58	96	118	139
125	156	145	106	131
105	91	76	105	137

Page2

21	101	127	104	117
101	108	108	75	151
74	62	65	91	105
57	179	89	79	137
124	39	61	156	135
106	157	128	62	145

Page3

76	96	104	140	128
131	138	172	132	138
134	120	95	73	134
126	94	108	46	82
138	122	154	127	115
42	132	117	118	154

Page4

124	135	63	126	101
128	84	168	106	172
105	179	82	54	54
130	93	157	126	68
160	100	100	108	90
133	44	183	131	105

Page5

103	125	144	94	75
103	112	167	124	92
105	150	98	32	124
105	85	156	123	138
167	80	109	96	80
61	126	120	117	99

Page6

171	677	333	552	506
739	180	691	1004	857
581	418	247	776	498
963	992	847	652	321
808	376	986	763	541
503	405	1007	385	614

Page7

1053	771	867	587	298
457	366	606	201	184
1020	717	196	855	180
917	304	641	433	559
379	460	829	850	484
211	323	735	833	549

Page8

492	530	802	811	185
946	530	812	723	171
481	714	268	1017	652
278	557	929	389	892
396	808	862	1031	841
528	331	824	385	362

Page9

312	234	158	362	260
672	1024	272	905	698
715	1014	978	506	987
667	533	762	399	502
666	685	359	561	944
467	501	747	476	721

Page10

529	192	640	631	686
885	332	949	489	723
873	1015	544	791	686
840	188	761	162	715
689	552	928	747	986
298	529	529	516	855

Page11

1146	1199	618	1243	1200
1583	1033	1529	1055	872
1666	1233	1737	618	490
454	911	948	791	912
1644	993	1111	1066	1199
531	1087	1326	1089	926

Page12

1456	1147	1269	1233	822
663	1214	1552	857	914
1505	1508	1216	972	1070
673	1172	1404	1555	1799
1242	1493	1033	1383	1396
1219	1103	1397	1674	1316

Page13

1075	1076	675	1501	970
1022	767	1211	1777	1135
595	984	859	1042	978
1015	288	568	994	1516
1552	952	841	1154	1368
632	1104	723	1801	1615

Page14

1564	1486	636	1358	756
903	1358	1444	1142	516
1302	785	1129	992	1160
1750	1409	1193	1679	1149
1431	1151	918	1625	1362
620	816	899	1084	1056

Page15

395	1408	645	1357	847
1443	1250	960	437	1343
1663	1466	1742	1226	841
982	1186	1178	1372	840
1988	682	1431	1111	1402
653	1285	1219	1334	1471

Page16

10575	3409	18470	17210	10635
9694	10633	14676	8371	11647
12879	4500	17025	17112	10711
9892	16739	9432	11457	10479
16027	11587	11186	12008	14292
6661	7534	14330	12258	6654

Page17

14670	13858	8587	8532	7996
17279	10506	14802	11048	12601
12632	13826	7481	12278	6612
5175	14051	14621	6891	8110
17659	12869	14642	12326	14136
5616	17948	13627	9907	14853

Page18

8680	8826	11530	4332	12894
13109	4201	15844	15410	10467
15173	7977	6536	7945	10767
10810	17982	15525	14530	9665
17388	13658	15168	3427	13767
5502	13179	17350	14537	11560

Page19

8098	10971	9610	8921	9270
9154	5820	11285	14847	9070
4660	12193	12282	16491	6746
11648	7223	5279	14439	13819
12381	14646	6309	6475	6760
10217	11380	14202	8214	12982

Page20

10353	5926	6403	13052	10115
9654	2534	10848	12064	10470
10431	7139	14346	14738	12411
10416	9651	9706	7818	16047
17563	9566	13479	13828	13063
13968	15734	13509	16146	10145

Page21

11	2	49	76	2
56	20	25	38	2
27	7	13	4	1
32	8	21	6	2
3	27	3	4	0
17	20	20	27	3

Page22

2	13	56	13	1
11	2	1	74	23
45	5	1	20	4
42	44	61	22	1
2	0	15	53	15
62	19	10	14	2

Page23

6	13	46	19	33
27	41	75	12	41
43	60	5	38	73
8	41	65	8	34
21	9	53	53	30
22	18	1	3	0

Page24

3	26	40	38	3
5	2	16	34	9
39	8	20	2	3
70	2	14	9	2
5	25	2	1	4
20	3	14	11	4

Page25

46	19	1	24	45
1	7	1	51	44
6	10	6	30	1
10	6	67	7	15
41	58	59	2	3
32	43	56	7	39

Page26

297	280	422	978	424
109	41	869	580	561
250	715	644	499	158
465	889	271	444	677
294	101	479	350	757
752	783	45	522	609

Page27

35	430	99	476	43
122	347	922	905	81
294	515	880	618	41
734	321	561	469	17
257	597	405	301	7
82	90	726	291	46

Page28

547	392	619	458	304
120	88	280	507	839
691	514	899	338	255
882	728	527	292	160
303	514	706	735	244
80	287	735	820	157

Page29

342	379	23	678	531
895	295	429	543	471
882	760	281	370	397
543	765	184	575	835
199	98	939	200	404
751	596	123	728	237

Page30

275	837	439	163	84
519	119	469	348	68
465	625	763	333	25
619	297	18	303	58
644	503	214	921	70
88	753	169	489	26

Page31

79	308	269	370	325
229	55	112	238	103
722	436	18	457	316
441	137	408	162	508
303	834	616	197	862
203	173	175	133	719

Page32

578	253	254	25	106
72	349	298	161	97
36	4	269	836	627
512	205	238	658	392
21	278	153	108	450
28	82	176	277	403

Page33

97	44	74	65	61
319	165	102	111	10
149	350	80	489	5
404	498	316	0	18
703	20	250	463	2
57	72	43	83	21

Page34

30	291	87	228	567
27	349	0	160	306
121	728	71	382	86
462	70	188	1	114
62	3	554	35	314
503	82	219	214	498

Page35

537	50	129	234	99
219	124	173	349	120
398	281	210	147	455
10	293	141	69	106
7	720	115	22	173
47	80	431	646	273

Page36

3506	3104	1503	4022	26
1743	601	1501	3816	32
2436	951	3149	3152	31
4732	0	42	5312	481
2347	1514	3641	7946	35
3790	435	81	116	235

Page37

7975	1942	1393	6459	2031
675	155	879	1648	1230
559	826	2516	3803	497
4974	381	1707	1171	5440
585	2173	6820	4732	4612
1212	2316	2172	4323	5086

Page38

3776	31	1354	160	1912
1008	2465	4	5701	1309
4608	7592	438	431	1957
4772	1627	1397	3235	2828
4159	4784	2154	6118	2591
5491	120	859	1927	3409

Page39

6475	86	1508	2324	4296
2976	549	485	332	153
1183	631	1628	5808	591
1617	1886	2516	1456	1529
383	1003	2270	378	2477
2301	1054	906	1109	1624

Page40

873	5376	1264	184	5311
906	5651	2289	559	87
222	3830	414	4410	54
2136	1569	2557	4719	1172
1221	725	140	1610	931
771	4242	92	414	2118

Page41

35	4	2	15	84
60	3	30	15	16
33	49	28	1	80
84	14	40	24	18
36	48	10	50	16
28	4	4	63	66

Page42

72	20	63	72	48
54	30	77	8	9
72	20	96	16	108
27	42	88	50	14
36	36	4	30	6
20	49	4	4	77

Page43

42	60	8	40	16
35	49	35	40	96
35	15	2	9	12
6	30	35	18	108
2	6	6	9	56
42	72	20	56	24

Page44

40	28	28	5	12
64	33	18	35	9
24	64	6	99	35
24	60	12	4	54
7	36	36	12	27
20	72	30	6	55

Page45

3	28	48	10	45
15	42	12	24	35
16	14	8	9	18
27	12	6	25	28
30	54	18	60	32
99	4	6	54	18

Page46

52	595	84	90	150
228	48	116	536	384
255	171	174	153	45
168	234	287	132	129
406	376	60	66	32
392	336	63	18	728

Page47

441	486	68	153	216
426	150	623	69	216
40	130	333	576	344
384	504	441	60	234
148	192	264	350	357
310	90	288	621	602

Page48

198	56	60	292	23
66	112	801	96	154
351	35	280	693	147
108	112	102	69	558
133	364	720	280	160
378	63	402	186	245

age49

180	623	140	71	96
448	330	205	704	728
252	216	520	42	118
81	456	100	486	272
198	175	504	170	40
186	343	228	474	285

Page50

455	152	288	624	135
120	128	180	92	220
186	498	324	245	162
26	288	330	144	525
161	560	480	225	188
56	160	450	60	196

Page51

3589	414	5187	440	304
1105	728	1155	1938	5184
4081	2378	6318	2886	3422
5940	1178	2773	420	4416
5390	2555	8372	4410	1914
1050	4233	2430	1100	6132

age52

896	8084	1980	3250	4048
4048	2914	1280	6111	1430
914	1890	1971	3375	4278
300	2822	2065	1936	1443
977	3080	530	7189	2646
220	2952	6210	869	7081

Page53

5073	4128	5355	2881	495
1539	3710	888	7600	3796
4560	4984	3220	4661	4505
736	1155	2755	3600	4144
1248	2940	7644	6636	1422
5780	4992	1210	6110	266

Page54

1053	6804	2091	4144	4160
2538	121	1012	846	1680
814	3731	1080	990	980
8439	680	2108	2976	4480
4410	1980	3465	2730	2860
1792	3936	2680	2816	860

Page55

6048	6566	2952	780	2940
2204	440	2080	7569	4452
238	1247	1222	216	7568
1044	1725	2480	1581	130
7380	3648	208	2210	1872
3542	5170	260	2881	2765

Page56

538002	392348	91179	475391	77250
562392	358018	186240	259290	452880
178596	201684	338520	179496	217800
104528	801021	69144	118996	100534
68250	267426	151076	115304	203159
706464	285915	491670	360380	479020

Page57

651903	128310	362232	351941	427108
54612	117025	491720	507015	151548
861182	315235	120080	512632	152684
44625	796346	20298	81672	265212
44770	247095	615136	210463	251988
690830	218346	553700	106932	395148

Page58

118482	239932	483301	132158	633500
452904	161868	264656	64454	139385
126900	132822	140607	88816	385154
60114	80400	102564	724458	725206
611520	114716	30024	142311	211025
705256	424715	672261	562320	363584

Page59

38252	170434	201366	142484	877500
146320	42431	40145	59175	445274
498648	524256	77964	57816	211323
188622	898380	462144	280347	741317
455106	492412	340272	590286	474810
250194	94200	741019	214250	381888

Page60

456576	45100	141493	201168	659678
247434	247646	215156	34776	87150
28917	49725	409822	128256	129200
122811	508184	153153	559503	267880
827188	503328	353431	358248	135800
165390	432791	483795	150024	488448

Page61

21	9R1	15R3	32R1	7R3
4R5	13R1	9R1	68	17
91	6R2	8R7	34R1	4
2R2	46R1	10R4	50	13R1
3R3	19R4	13	32R2	14R2
4	8R3	38R1	3R5	35R1
4R2	16R3	5R3	8R2	9R5
20R1	4R2	16	7	5R1

Page62

9R4	18R1	21	1R3	5R6
19	16	11R5	10	12R4
45R1	32R1	1R3	10R4	5R2
10	2R2	5R2	4R1	9R6
48R1	13R2	20R1	12R2	10R7
27	8R1	24	39	4
17R2	20R1	12R4	98	13R4
6R3	12	12R5	28R1	14R1

Page63

5R4	12R4	7R2	3R3	14R3
43R1	23R2	65	5R4	13
5R3	15	13R2	32R1	11R3
8R3	23R1	12R2	7R4	12R1
19R3	54	5R6	4R6	10R1
4R7	2R2	15R2	17R1	19R1
48	19R2	6R1	10R3	24R2
54	11R2	4R3	7R4	32

Page64

12R2	40	76	12R3	6
14R1	4R5	10R4	12R4	5R1
17	7R1	8R2	24R2	7R2
46R1	29R1	16	7R1	6
22R1	9R1	71	10R2	2R4
30	25R1	3	13R3	74
15R1	11R5	20R3	5R4	15R1
11R4	63	2R1	15R1	21R2

Page65

6R3	6	24R3	5R4	11R2
3R4	30	5R1	45R1	3R2
2R2	17R1	2R1	10R6	13
32	14R1	3R4	15R2	26R1
7R1	12	85	7R6	30
17R3	7R1	7R2	3R1	7
2R7	10	15R1	12R1	23
6R6	7R3	2R1	2R1	8R3

Page66

233R2	87R6	119R5	182R2	63R1
161R1	37R1	65R3	33	443R1
139R2	851	36R5	119R1	47R2
217R2	228R3	153	376	79R2
259	105R2	96R1	191R1	66R3
81R2	192R2	103R3	188R3	456R1
120R4	199	281	83R3	134R1
80	157	91R4	162R5	158

Page67

106R1	318	78R1	88R2	194
156R1	103R1	63	100	65R6
247R1	144	143R1	867	79R2
148R1	267R1	125R1	16R2	454R1
162R2	498R1	59R6	60R2	129R1
20R4	539	256R1	120R2	405
61R1	100	123R3	15R3	92R5
40R1	55R6	41R7	46R4	74R7

Page68

93R3	67R1	117R1	41R1	132
143	85R2	29R5	152	51R2
23R2	58R6	55R6	96R1	112R3
73R5	188	143R5	61R1	34R3
36R5	355R1	308R1	36R1	20R5
82R2	292	198R1	55R6	24R2
58R2	136R5	98R2	140R6	198R1
221R3	15R6	95R1	89R2	328R1

Page69

119R2	45R4	27R2	246R2	58R4
69R2	24R4	193R1	50R6	157R3
132R5	50R6	18R2	57R3	52R6
150R1	93R4	244	34R2	67R3
246R1	108R1	133	284	70R1
68R1	71R5	155R3	496	178
109R3	99R4	83R4	81R3	542
147R5	61R3	108	121	212R1

Page70

276R2	28	65R6	161	152
106R3	151R3	377	128R4	82
19R5	67R5	161R3	31R4	101R1
150R3	142R2	67R5	54R1	18R1
112R1	137R4	162R1	591	79R1
161R1	248	66R1	537	109R2
477R1	106R1	38R1	104R4	106R1
284R2	177	24R5	213R1	758

Page71

7R26	6R27	8R76	11R30	6R37
45R2	7R5	41R13	5R54	4R33
5R53	6R10	2R42	20R17	4R48
9R74	4R34	17R50	10R55	3R32
6R27	19R8	21R3	5R22	24R4
1R76	21R8	4R5	1R10	35R3
5R17	2R28	19R31	23R23	17R17
5R19	79R1	11R83	57R1	16R55

Page72

13R8	5R10	63R8	9R6	19R41
5R13	14R26	9R44	43R8	2R53
93R5	30R8	39R5	9R3	22R25
2R24	3R3	41R2	9R5	6R72
11R44	8R23	12R42	41R4	5R56
33R6	9R66	4R60	7R58	19R25
5R8	7R38	4R9	2R2	36R12
11R51	2R8	27R11	42R9	10R38

Page73

2R63	3R34	11R7	13R21	8R34
10R8	14R37	1R41	10R27	7
7R11	38R6	16R7	12R6	65
14R10	11R11	4R16	13R25	14R12
10R18	12R29	7R10	18R34	2R78
10R2	10R22	8R51	3R40	24R17
4R23	29R1	15R25	6R15	34R9
3R83	8R40	2R20	35R14	20R10

Page74

15R11	12R9	10R20	1R26	4R10
89R8	25R35	9R32	59R1	10R7
8R2	3R9	23R10	12R23	20R3
14R10	34R9	28R6	3R53	9R65
6R53	9R95	5R22	8R20	4R26
15R6	51R8	10R46	9R58	14
15R18	14R14	3R42	16R23	1R44
34R11	16R22	7R23	16R48	98R4

Page75

2R36	10R41	11R35	17R8	1R29
7R28	48R5	27R21	10R58	47R3
4R5	5R7	18R10	30R11	9R7
18R5	75	8R6	5R25	4R39
4R14	7R50	10R53	9R91	36R12
4R46	3R85	8R78	2R28	57R9
5R36	5R6	6R70	17R21	20R31
1R3	13R49	7R15	11R39	11R15

Page76

46R7	130R6	158R23	44R22	344R10
80R8	50R26	296R8	158R3	132R31
391R10	294R1	76R30	225R16	45R50
102R43	207	244R11	197R29	104R41
105R7	164R51	50R50	117R3	659R1
46R3	124R40	74R21	153R5	177R17
60R38	93R14	56R51	38R20	78R6
73R2	118R56	86R20	227	264R18

Page77

127R43	187R18	361R14	113R1	26R19
22R33	257R5	91R32	53R46	150R42
68R90	173R27	21R15	91R13	70R8
142R34	119R32	935R6	37R33	176R30
334R11	44R6	197R22	87R17	176R19
269R23	18R54	622R7	77R24	24R57
12R76	16R35	93R15	206R9	108
266R9	156R26	126R40	170R24	171R30

Page78

81R13	107	38R9	53R14	42R3
82R55	134R5	157R26	33R31	355R11
193R34	110R1	36R38	54R20	224R5
92R8	79R40	24R33	303R10	89R34
202R15	75R13	130R6	136R39	211R23
90R45	365R11	74R9	109R44	57R32
114R8	200R8	138R1	134R4	101R58
784R9	242R14	91R43	133R30	152R24

Page79

51R9	317R7	58R42	355R2	105R3
481R6	189R1	59R11	210R21	43R8
33R64	87R3	52R45	95R14	59R68
312R3	224R8	47R35	102R35	140R31
39R21	40R12	33R26	208R30	302R16
467R2	140R35	413R8	38R66	111R11
162R22	121R15	17R58	230R17	553R7
105R45	73R1	38R22	445R4	109

Page80

373R13	349R12	35R21	84R26	98R11
392R15	83R39	37R42	35R19	13R14
125R25	33R60	245R11	306R8	110R16
31R28	124R21	113R14	293R9	62R43
93R43	111R5	90R34	219R10	125R47
88R54	198R19	186R19	60R7	76R11
101R28	32R34	227R10	133R1	564R12
91R82	67R7	65R13	24R1	520R10

MULTIPLICATION TABLE

1 x 1 = 1	1 x 2 = 2	1 x 3 = 3	1 x 4 = 4
2 x 1 = 2	2 x 2 = 4	2 x 3 = 6	2 x 4 = 8
3 x 1 = 3	3 x 2 = 6	3 x 3 = 9	3 x 4 = 12
4 x 1 = 4	4 x 2 = 8	4 x 3 = 12	4 x 4 = 16
5 x 1 = 5	5 x 2 = 10	5 x 3 = 15	5 x 4 = 20
6 x 1 = 6	6 x 2 = 12	6 x 3 = 18	6 x 4 = 24
7 x 1 = 7	7 x 2 = 14	7 x 3 = 21	7 x 4 = 28
8 x 1 = 8	8 x 2 = 16	8 x 3 = 24	8 x 4 = 32
9 x 1 = 9	9 x 2 = 18	9 x 3 = 27	9 x 4 = 36
10 x 1 = 10	10 x 2 = 20	10 x 3 = 30	10 x 4 = 40
11 x 1 = 11	11 x 2 = 22	11 x 3 = 33	11 x 4 = 44
12 x 1 = 12	12 x 2 = 24	12 x 3 = 36	12 x 4 = 46

1 x 5 = 5	1 x 6 = 6	1 x 7 = 7	1 x 8 = 8
2 x 5 = 10	2 x 6 = 12	2 x 7 = 14	2 x 8 = 16
3 x 5 = 15	3 x 6 = 18	3 x 7 = 21	3 x 8 = 24
4 x 5 = 20	4 x 6 = 24	4 x 7 = 28	4 x 8 = 32
5 x 5 = 25	5 x 6 = 30	5 x 7 = 35	5 x 8 = 40
6 x 5 = 30	6 x 6 = 36	6 x 7 = 42	6 x 8 = 48
7 x 5 = 35	7 x 6 = 42	7 x 7 = 49	7 x 8 = 56
8 x 5 = 40	8 x 6 = 48	8 x 7 = 56	8 x 8 = 64
9 x 5 = 45	9 x 6 = 54	9 x 7 = 63	9 x 8 = 72
10 x 5 = 50	10 x 6 = 60	10 x 7 = 70	10 x 8 = 80
11 x 5 = 55	11 x 6 = 66	11 x 7 = 77	11 x 8 = 88
12 x 5 = 60	12 x 6 = 72	12 x 7 = 84	12 x 8 = 96

1 x 9 = 9	1 x10 = 10	1 x 11 = 11	1 x12 = 12
2 x 9 = 18	2 x10 = 20	2 x 11 = 22	2 x12 = 24
3 x 9 = 27	3 x10 = 30	3 x 11 = 33	3 x12 = 36
4 x 9 = 36	4 x10 = 40	4 x 11 = 44	4 x12 = 48
5 x 9 = 45	5 x10 = 50	5 x 11 = 55	5 x12 = 60
6 x 9 = 54	6 x10 = 60	6 x 11 = 66	6 x12 = 72
7 x 9 = 63	7 x10 = 70	7 x 11 = 77	7 x12 = 84
8 x 9 = 72	8 x10 = 80	8 x 11 = 88	8 x12 = 96
9 x 9 = 81	9 x10 = 90	9 x 11 = 99	9 x12 = 108
10 x 9 = 90	10 x10 = 100	10 x 11 = 110	10 x12 = 120
11 x 9 = 99	11 x10 = 110	11 x 11 = 121	11 x12 = 132
12 x 9 = 108	12 x10 = 120	12 x 11 = 132	12 x12 = 144

The End

As you turn the final page of this book, remember that addition, subtraction, multiplication, and division are not just operations on numbers - they are powerful tools for problem-solving, reasoning, and critical thinking. Whether you're a student, a teacher, or simply someone who loves learning, let this book be a starting point for your journey of mathematical discovery.

Take what you've learned here and apply it to real-world situations. Share your knowledge with others, and never stop exploring the beauty and wonder of mathematics. Remember, every problem you solve and every concept you understand brings you one step closer to realizing your full potential. So go forth, be curious, be brave, and most importantly, keep learning!

The journey of growth and learning is ongoing, and there will always be new challenges and obstacles to overcome. But it's important to remember that every setback is an opportunity to learn and grow stronger.

So I encourage you to keep pushing forward, even when the road ahead seems difficult. Surround yourself with positive influences and never lose sight of your vision for the future.

Thank you for joining me on this journey, and I wish you all the best in your own personal growth and success.

Sincerely,

Thank you for your purchase, if you loved that book or not, Don't hesitate to give your opinion (constructive ;-)) and your ideas for improvement after your purchase, because I really want to offer quality, it takes five seconds and helps small businesses like ours

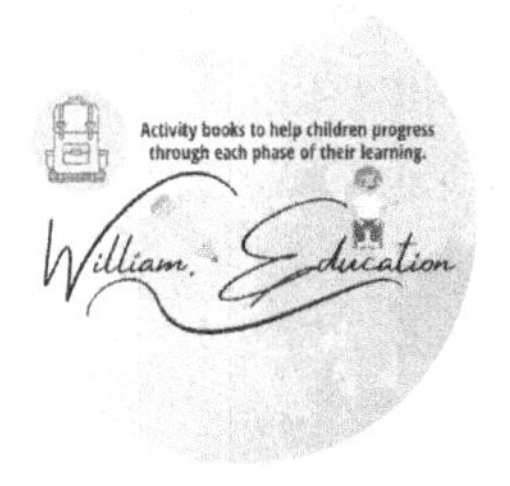
Activity books to help children progress through each phase of their learning.
William. Education

William. Education

Made in the USA
Las Vegas, NV
12 April 2024